KB063586

001

The Military Ration

깊고도 심오한 전투식량의 세계

RATION —— Ration mean the allowance of actual food for one soldier for one day

「레이션(Ration)」이란 본래 장병들의 1일분 식료를 구입하기 위한 금전을 의미한다. 하지만, 현대에 들어오면서 그 의미는 장병 1인에게 제공되는 1일분 식비로 변화하였다.(1944년 8월 10일 발행, 미 육군 팸플릿, 『Army Life』에서 발췌). 일반적으로 전쟁의 역사라고 하면 군사 행동만이 주목을 받으며, 보급에 관한 문제는 거의 무시당하기 일쑤였다. 보급의 목적은 전투력의 유지와 증진이라 할 수 있는데, 장병들에게 있어 탄약, 의료품 이상으로 중요한 것은 바로 매일의 식사, 다시 말해 '레이션(식량)'이었다.

시대의 변화에 따라 전쟁의 형태 또한 달라져 왔으나, 병사들에게 지급할 식료 문제는 언제나 큰 골칫거리였다. 원래 군의 식료 조달은 현지 조달을 기본으로 삼아왔으나, 이 방법은 군의 작전 기간이나 진군 루트에 따라 큰 제약이 있었다. 「군대는 잘 먹어야 잘 싸울 수 있다」라는 나폴레옹의 명언은, 보급 가능한 식량의 양

이 작전 행동의 성패마저 좌우했던 당시의 상황을 극적으로 잘 보여주는 예라고도 할 수 있을 것이다.

근대적 전투식량의 탄생은 이러한 배경에서 출발했는데, 그 시초라고 할 수 있는 것은 17세기 프랑스군에서 1일분 식량으로 지급했던 빵이었으며, 이러한 레이션(전투식량)의 도입을 통해, 작전행동의 자유도는 물론 부대의 이동속도가 이전에 비해 크게 향상되었다고 알려져 있다.

하지만, 당시는 보존기술이 떨어졌기에, 병사들에게 지급된 것은 질적으로 열악한 것뿐이었다. 이러한 문제를 개선하고자 식품의 보존법이 연구되면서 병조림과 통조림이 등장했고, 20세기에 들어와서는 냉동건조법(freeze drying)과 레토르트(retort) 가공법 등의 기술을 통해 전투식량의 품질과 그 기능성은 극적으로 발전했다. 이후 전투식량의 개발과 발전에 사용된 기술은 민간 시장에도 퍼져나가, 알게 모르게 우리들의 일상생활에 녹아든 것도 많이 존재한다.

(대한민국과 같이 의무복무제라도 채용하고 있지 않는 한) 일반인들에게 있어 전투식량이라는 것은 아무래도 그다지 인연이 없을 물건이지만, 그 내용물들은 각국의 식문화를 반영하고 있는 것으로, 호기심의 대상이기도 하다. 본서에서는 각국의 전투식량들과 그 주변 아이템들을 통해 그 실태에 접근해보고자 한다.

'짬밥'이란 장병들의 급식이다!

세계 각국의 군대에서는 자국의 장병들에게 무엇을 먹이고 있을까? 레이션, 즉 전투식량의 포장을 뜯었을 때 우리는 그 나라 군대의 또 다른 실력을 알 수 있다. 개중에는 「젠장, 자식들 이렇게 맛있는 걸 먹고 있었단 말이야?!」라는 소리가 나올 정도로 부러운 국가도 있다. 겉모양은 그야말로 '개념을 내다버린' 것만 같은데 생각보다 맛이 훌륭한 고기 통조림이 있는가 하면 향토색을 강하게 드러내는 레이션도 존재한다. 역시 음식이란 실제로 입에 넣고 맛을 봐야 진가를 알 수 있는 법이다. 이 책은 세계 각국의 군에서 배급하고 있는 전투식량을 한데 모아 혼신의 힘을 바쳐 작성한 리포트다!!

병사의 급식·레이션
세계의 전투식량을 먹어보다
키쿠즈키 토시유키 著

일러두기
- 본서에 게재된 정보는 원서 출간시기인 2006년 전후의 정보를 기준으로 삼고 있어, 현재(2016년)와는 다소 다른 정보가 수록되어 있을 수 있사오니 이 점 유의하시기 바랍니다.
- 본문에 게재된 패키지 사이즈는 「세로×가로×높이」를 기준으로 하고 있습니다.

CONTENTS
목차

일본 육상자위대 제32 보통과 연대 합동 취사반. 불과 11명의 인원으로 연대 전체를 책임지고 있다.

미군 최신 전투식량

미군의 대표적 전투식량인 MRE. 이를 기동전개부대용으로 보다 간편하고
가볍게 만든 것이 바로, 지난 2007년 9월에 도입한 최신 전투식량 FSR이다.

FSR

(First Strike Ration)

FSR의 내용물

① ERGO 드링크	⑥ 튜나 크리에이션	⑪ 재플소스
② 포켓 샌드위치	⑦ 비프 스낵	⑫ 스낵 브레드
③ 블루베리 베이글	⑧ HooAH!바	⑬ 너트 레즌 믹스
④ 토르티야	⑨ Stay Alert 껌 (졸음방지용 껌)	
⑤ 치즈 스프레드	⑩ 디저트 스낵	

충실한 빵 라인업

FSR 최대의 특징이라면 빵 종류가 '빵빵'하다는 점. 베이글(사진 1), 포켓 샌드위치(사진 2), 토르티야(사진 3)의 세 종류가 사용되고 있다. 이 중에서 포켓 샌드위치는 1990년에 개발이 시작된 메뉴로, 27℃에서 3년간의 장기 보존이 가능하며, FSR 초기형의 경우 페퍼로니, 이탈리언, 베이컨 체다 치즈, BBQ 비프 등의 베리에이션이 존재한다.

1. Bagel
베이글
2. Pocket Sandwiches
포켓 샌드위치
3. Tortillas
토르티야

1	2
3	2

"FSR(First Stirke Ration)"은 투입 초기 72시간(3일) 동안의 사용할 것을 목적으로 개발된 전투식량으로, 1일분 식료를 하나의 팩에 수납한 것이다. 중량과 용적은 기존의 MRE 1일분 (3개)의 절반 정도로 소형화되었으며, 패키지 안에 든 식품은 걸어다니면서도 먹을 수 있도록 각종 빵, 재플소스, 견과류, 그리고 「능력 증진 식품」이라고 불리는 고열량 식품들로 구성되어 있다.

열량은 약 2,900kcal로 MRE보다는 낮지만, 탄수화물의 비율은 도리어 높아진 것이 특징인데, 이것은 탄수화물(당질과 전분)이 체내에서 오래 머무르지 않고 곧바로 근육을 움직이기 위한 에너지로 소비되며, 섭취 후 바로 에너지로 변환된다는 점을 감안했기 때문이다. FSR은 이라크와 아프가니스탄에서 실용 시험 평가가 이루어졌으며, 2007년부터 정식 지급이 시작되었다.

취식의 간편함을 추구

FSR의 최대 특징은 콤팩트함과 취식의 간편함이다. 이것은 특수부대의 요구가 반영된 결과로, 내용물은 ① 한 손에 들고 취식 가능할 것, ② 가열이 필요 없을 것, ③ 간단히 개봉 가능한 패키지, ④ 보행 중에 취식이 가능할 것 등을 기본 콘셉트로 하여 개발이 이루어졌다. 이 때문에 FSR에 수납되어 있는 식품들은 튜나 크리에이션(사진 우측)을 제외하면 취식 도구가 일절 필요 없도록 구성되어 있다.

Zapplesauce
재플소스

적절한 영양소를 갖추고 있으며 소화흡수가 빠른 애플소스도 FSR의 구성품. 운동능력의 증진을 위해 맥아를 가공한 말토덱스트린이 첨가되어 있다는 것이 특징으로, 「재플소스」라는 이름으로 불리고 있다.

Tuna Creations
튜나 크리에이션즈

가볍게 섭취할 수 있는 단백질 공급원인 참치는 기성 시판품인 스타 푸드의 제품을 그대로 유용했다. 사진의 제품은 잘게 쪼갠 플레이크 타입으로, 천연 조미료가 첨가되어 있는 것이 특징이다.

시제품 FSR

콤팩트함과 경량화를 추구한 FSR.
그 내용물은 여러 가지 관점에서 선택되었으나,
그 채용까지의 과정에서는 수많은 시행착오가 반복되었다.

FSR 시제품의 내용물

❶ 포켓 샌드위치	❻ 디저트 바	⓫ Stay Alert 껌
❷ 치즈 스프레드 (사진 없음)	❼ 비프 저키 (사진 없음)	⓬ 액세서리 패킷
❸ 스낵 브레드 (사진 없음)	❽ 건조 크랜베리	⓭ 지퍼락 (사진 없음)
❹ ERGO 드링크	❾ 재플소스	⓮ 물티슈 (사진 없음)
❺ 미니 HooAH!바	❿ 믹스 너트 (사진 없음)	

세계 각국에서는 장병들의 개인 휴대 장비를 경량화하기 위해 많은 노력을 기울여왔다. 하지만 그 결과는 지금 현재도 그리 신통하다고는 말하기 어려운데, 때문에 많은 군인들이 휴대 장비를 (임의로) 취사선택해왔다. 전투식량 또한 예외는 아니어서, 종종 일부 내용물을 그냥 버리기도 했는데, 이 경우 필요한 영양과 열량을 제대로 섭취하지 못할 위험이 있었다. 때문에 가벼우면서도 영양가가 높은 전투식량의 개발에 착수, 탄생한 것이 바로 FSR이다. FSR의 내용물은 개발이 시작된 이래 수차례의 변경(페이지 상단 사진은 2004년 2월에 촬영된 것임)이 이루어졌다.

기본적으로 FSR은 그 용도가 한정되어 있기 때문에 미군 전투식량의 주류가 될 수는 없겠지만, 그 콘셉트는 앞으로 등장할 전투식량 개발의 방향성을 제시하고 있다고 할 수 있겠다.

PERCs (전투력 향상 식료 구성품)

필요한 열량과 영양소의 보충을 위한 아이템.
그것이 바로 PERCs(전투력 향상 식료 구성품)이라 불리는 특수식이다.

ERGO 드링크

ERGO 드링크는 인간의 에너지원이 되는 포도당을 신속히 보급할 수 있도록 만들어진 「전투력 향상 식료 구성품(Performance Enhancing Ration Components, PERCs)」이라는 종류의 식품 가운데 하나로, 탄수화물을 물에 잘 녹는 형태로 가공한 것이다.

ERGO 드링크는 페트병에 넣어 마실 수 있으며, 실은 이쪽이 패키지에 물을 붓는 것보다 훨씬 편리하다. 부담 없이 마실 수 있도록 라즈베리향을 첨가하였다.

Ego Drink
ERGO 드링크

HOOAH! BAR APPLE-CINNAMON FLAVOR
애플 시나몬 플레버

Apple-Cinnamon Flavor
HOOAH!
Nutritious Booster Bar
NET WT. 2.3 oz. (65 g)

HooAH!바

PERCs를 구성하는 아이템 가운데 하나로 개발된 HooAH!바™는 이를 섭취하여 에너지원인 포도당의 보급을 하는 것이 주된 목적인 식품. 고형인 관계로 소화에 다소 시간이 걸리기에 즉효성은 떨어지는 대신 장시간에 걸쳐 소화 흡수가 이뤄지는 성분으로 구성되어 있는 것이 특징이다.

※역주 : 현재는 「Soldier Fuel」이라는 명칭을 사용한다.

HOOAH! BAR (CIVILIAN VERSION)
민수용으로도 판매!

HooAH!바는 현재 민수 시장에서도 판매 중이다. 다만 그 맛은 사진 위의 군용품과는 다르게 초콜릿 맛으로. 겉모양과 맛은 시중에서 판매되는 에너지바와 거의 비슷하다는 인상이다.

CREATED BY THE U.S. MILITARY
HOOAH!
ENER...

추수감사절, 성탄절과 칠면조

미국의 대표적 명절 가운데 하나인 추수감사절.
여기에 빠져선 안 되는 메뉴가 바로 칠면조 요리다.
미군에서는 1908년 이후
1년에 2회 배식이 이루어지고 있다.

미군에서는 1908년부터 추수감사절과 성탄절에 이를 배식하고 있는데, 이는 전시에도 예외는 아니었으며, 해외 파병 장병들에게도 칠면조가 배식되었다.

Entre
Young Tom Turkey with Sage Dressing
Cranberry Sauce
Peas snd Corn
Candied Sweet Potatoes with Raisin Sauce
Parkerhouse Rolls

위 사진은 1945년 미 육군 제42종합병원(당시는 일본 도쿄 츠키지의 성 누가병원 등에 주둔)에서 조리했던 메뉴로, 이 중에는 칠면조 요리도 포함되어 있다(좌측 하단 사진 참조). 물론 이 식재료들은 미국 본토에서 실어온 것으로, 이런 부분에서도 미군 특유의 장병 복지를 엿볼 수 있다.

칠면조와 군 급식
Turkey for the Troops

추수감사절, 그리고 성탄절과 같은 미국의 명절의 필수 식재료라고 하면 바로 칠면조일 것이다. 추수감사절에 칠면조를 먹는 관습은 17세기까지 거슬러 올라가며, 코네티컷의 플리머스 식민지에서 백인 이주민들과 선주민인 왐파노아그족이 1621년에 서로가 맺은 우호관계와 신천지에서의 신의 은혜에 감사했던 것에서 유래한다고 알려져 있다. 처음에는 뉴잉글랜드 지역 한정의 명절이었으나, 1863년에 전국으로 확산, 이듬해에는 11월의 세 번째 목요일로 지정되었다.

추수감사절, 그리고 성탄절의 칠면조요리가 군 급식에 도입된 것은 20세기부터의 일로, 1908년에 실시된 군 급식 개선에 따른 것이었다. 이후 칠면조는 군에서도 추수감사절과 성탄절의 단골 메뉴로 자리잡았고, 해외 파병 부대도 예외는 아니었다. 제1차 세계대전 당시에는 현지에서 식재료를 조달했으나 보급상의 문제로 필요한 만큼 확보할 수 없는 경우도 있었다. 실례로 1942년에 영국에 주둔했던 부대의 경우, 성탄절에 칠면조 대신 크랜베리 소스를 곁들인 로스트 포크가 배식되었다고 한다.

병영식의 역사

「개선, 개선, 거듭되는 개선」

예로부터 군과 함께 했으며, 군의 작전 행동과 장병들을 지탱해왔던 병영식(Ration).
병영식은 군사행동의 성패를 좌우하는 존재였으며,
시대의 흐름에 따라 여러 가지 개선이 이루어졌다.
여기서는 독립전쟁부터 현대에 이르기까지, 미군 병영식의 변천사를
그 예로 하여 개선의 역사를 살펴보도록 하자.

독립전쟁

(1775) ~ (1783)

독립전쟁 중에 탄생한 미군의 야전식.
그 내용은 당시 각국 군대 중에서도 최고 수준이었으나,
장병들이 실제로 직면한 것은 가혹한 현실이었다.

영국의 압정에 반기를 들고 독립을 선언한 아메리카 식민지, 최초의 충돌로부터 1개월이 지난 1775년 5월, 식민지 통일군인 「대륙군(Continental Army)」이 결성, 본격적인 싸움이 시작되었다. 군의 식량은 각 식민지별로 지급되었으나, 같은 해 11월부터는 미국 최초의 야전식이 제정되었다. 독립전쟁 당시의 야전식은 식재료가 장병 개개인에게 지급되었으며, 식사조(mess mate)별로 모여서 조리를 하는 것이 일반적이었다. 하지만 이보다는 단위 부대별로 일괄 조리 배식하는 편이 여러모로 이점이 많았기에 전쟁 중에는 중대 단위(당시의 부대 정원은 92명)로 조리를 실시했다. 하지만 대륙군의 보급 사정은 상당히 열악하였기에 장병들의 식사는 늘 부족한 형편이었다. 미군의 야전식은 그 시작부터 여러 가지 문제를 안고 있었던 것이다.

※역주 : spruce beer, 가문비나무나 전나무의 잎, 솔방울 등이 들어간 당밀을 발효시킨 음료.

미군 최초의 야전식

대륙군(당시의 미 육군)에서 야전식을 제정한 것은 1775년 11월 4일로, 그 내용은 당시의 여타 국가와 비교해도 꽤 충실했다(우측 표 참조). 시대는 조금 다르지만, 19세기 초, 나폴레옹군의 1일분이 빵 680g, 고기 226g, 쌀 31g 또는 건조 과일 62g뿐이었던 것을 생각해본다면 얼마나 충실한 구성인지 알 수 있다. 하지만 실제로 이것이 정량대로 지급된 일은 극히 드물었다.

독립전쟁 당시의 병영식

개인 지급 품목

쇠고기 453g 또는 돼지고기 340g 이나 소금에 절인 생선 453g
우유 473cc
스프루스 비어* 946cc 또는 사이다 (사과술)
완두콩 1419cc 또는 까치콩 (1주일에 1회 배급)
쌀 236cc
또는 맷돌에 간 옥수수 가루 236cc (1주일에 1회 배급)
집단 지급 품목 (100인분)
당밀 34ℓ (1주일에 1회 지급)
물비누 8.95kg 또는 고형 비누 2.98kg (1주일에 1회 배급)
양초 1.12kg

독립전쟁 당시의 대표적 메뉴

베이크드 빈스

독립전쟁 당시 미군의 주식은 베이크드 빈스(포크 앤 빈스)라 불리는 푹 삶은 콩이었다. 원래 이 요리는 뉴잉글랜드 지방의 요리로, 재료는 콩과 소금에 절인 돼지고기. 맛을 내기 위한 조미료로는 당밀이 사용되었다.

파이어케이크

독립전쟁 당시 널리 만들어먹던 파이어케이크(Firecake)는 밀가루와 물을 적당히 섞어 반죽을 만든 뒤, 돌 위에 대충 얹어 모닥불로 굽는 단순한 요리였다. 대개는 겉이 구워지면 바로 먹었지만, 이때에도 속은 설익은 것이 보통이었다. 보급사정이 빈약했던 당시에는 이것 외에 다른 식료가 없는 경우도 많았다.

당밀(Molasses)은 사탕수수에서 설탕을 정제한 다음에 남은 즙액으로, 당시에는 서인도제도에서 밀무역을 통해 수입되었으며 일종의 조미료로 보급되었다. 전후에는 지급이 중단되었으나 남북전쟁 때 다시 지급되기도 했다.

당밀

럼주

맥주와 함께 중요한 지급품이었던 럼주. 당시에는 물로 희석해서 마시는 것이 일반적으로, 수통에 담아 휴대하기도 했다. 하루 배급량은 118cc(나중에는 177cc로 증량)로, 1832년까지 계속 배급되었다.

문제가 속출했던 야전식

독립전쟁 기간 동안 대륙군의 식량 사정은 매우 열악했는데, 그 원인은 전비 조달을 위해 지폐를 대량으로 증쇄했기 때문으로, 화폐의 가치가 급락하면서, 물자 조달도 극도로 어려워졌다. 또한 식민지의 상인들 중에는 불성실한 자도 많아, 계약을 제대로 이행하지 않거나 실제보다 불린 청구서를 제시하는 경우가 횡행했다. 때문에 대륙군의 보급 사정은 좀처럼 나아질 기미를 보이지 않았다.

남북전쟁

(1861) ~ (1865)

미국이 둘로 갈라져 싸운 남북전쟁.
야전식의 질은 독립전쟁 때보다 훨씬 나아졌으나
여전히 문제가 많아, 장병들을 고달프게 했다.

남북전쟁은 미합중국 건국 이래의 최대 전쟁으로, 동원 병력은 북군(연방군)만으로도 무려 221만 명에 달했다. 동원 병력이 증가하면서 전투식량 또한 막대한 소요가 발생했고, 때문에 남북 양 측은 식료품의 확보에 골머리를 앓게 되었다. 남북전쟁 당시의 야전식은 병사 1인에게 1일분의 식재료가 배급되는 시스템이 그대로 답습되었으나, 그 내용은 이전 시대보다 훨씬 향상되었다. 그럼에도 배급되는 식료에는 여전히 문제가 많았는데, 하드택(hardtack)이라 불리던 비스킷은 이빨로 베어 물기가 어려울 정도로 단단했으며, 염장 고기도 식용으로 부적합한 것이 많았다. 또한 야채의 부족이 괴혈병의 원인으로 지적되는 등, 당시의 야전식은 여전히 많은 문제를 안고 있었다. 게다가 군비 삭감에 따라 군의 보급 사정은 더욱 악화, 이러한 상황은 무려 20세기 초까지 지속되었다.

통조림 식품의 등장

남북전쟁 당시 깡통 통조림을 생산했던 밴 캠프사와 언더우드사는 현재도 건재하며, 당시와 똑같은 제품들을 판매하고 있다(언더우드사의 쇠고기 통조림은 수입되고 있지 않기 때문에 사진은 다른 제품임).

남북전쟁은 통조림이 본격적으로 사용되기 시작한 전쟁으로, 그 보급에 큰 공헌을 했다. 통조림이 탄생한 것은 장기 보존 가능한 전투식량을 만들기 위해 나폴레옹이 현상 공모를 한 것이 그 계기로, 프랑스의 제과 기술자였던 니콜라 아페르가 그 원리를 발명했다. 이후, 식품을 유리병이 아닌 금속 깡통에 담아 보존하는 방법은 19세기 초 영국에서 발명되었다. 미국에서 통조림이 생산되기 시작한 것은 1821년부터였으나, 대량생산이 시작된 것은 남북전쟁 발발 직후의 일로, 그 생산량은 전쟁 이전의 8배에 달했다고 한다. 군 당국에서는 이러한 통조림을 병영식 품목으로 지정하지는 않았으나, 북군의 장병들 사이에선 통조림의 구매가 일상화되었고, 전후에는 다시 사회에 복귀한 장병들이 이 통조림을 애용하게 되면서 전국적인 식품이 되었다.

포크 앤 빈즈

이미 독립전쟁 시기부터 널리 퍼져 있었던 포크 앤 빈즈이지만, 이전과는 달리 토마토를 사용한 것이 특징이다. 남북전쟁 중에는 포크 앤 빈즈의 통조림이 대량으로 생산되어 장병들에게 배급되었으며, 이는 전후에 미국 전역으로 널리 퍼지는 계기가 되었다.

베이컨

피칸

흔히 "버터너츠"라고도 불리는 피칸은 호두와 나무의 열매로, 남부에서는 일반적인 식재료 가운데 하나였다. 또한 피칸의 껍데기는 남군 군복의 염료로 이용되기도 했다.

땅콩

땅콩은 남북전쟁 중에 보급된 식재료이다. 본래는 가축과 노예용이었으나, 높은 영양가를 지녔다는 점이 재평가되면서 식량 사정이 열악했던 남부 측에서 이를 보완할 목적으로 소비하기 시작했다.

장병들의 기본 메뉴

하드택은 밀가루와 물로 만든 비스킷의 일종으로, 근대 서양의 대표적 전투식량이었다. 보관 상의 문제로 매우 단단하게 건조되어 있었기에, 「이빨 분쇄기(tooth dullers)」라고 불리며 야유의 대상이 되곤 했다.

하드택

북군의 병영식 구성품 중에서 평판이 좋았던 것이 바로 베이컨이었는데, 보존이 잘 되고 각종 요리에 활용할 수 있었다는 이유에서 장병들 사이에서는 "Sawbelly"라는 속칭으로 불리곤 했다. 사진의 베이컨은 대략 1일분에 해당하는 양이다.

남북전쟁 당시의 북군 병영식

돼지고기나 베이컨 373g 또는 쇠고기 577g	
부드러운 빵 또는 밀가루 640g	
하드 브레드 453g 또는 옥수수 가루 577g	
집단 보급 품목 (100인분)	
완두콩 또는 누에콩 6.8kg	
쌀 또는 거칠게 간 옥수수 6.8kg	
커피 원두 4.53kg	
혹은 볶은(또는 볶아서 간) 커피 3kg	
홍차	622g
설탕	6.8kg
식초	3.8 ℓ
양초	577g
비누	1.8kg
소금	1.73kg
후추	124g
감자	13.6kg
당밀	946cc

진화하는 휴대 식기

전장에서 병사들이 휴대하던 식기는 접시, 스푼, 나이프, 포크, 컵이 기본이었는데, 이 구성이 변화한 것은 1885년의 일로, 미 육군에서는 "메스 팬(mess pan)"이라 불리는 신형 야전 식기를 채용했다. 이것은 접이식 손잡이가 달린 본체와 뚜껑으로 구성되어 있는데, 본체는 프라이팬으로도 사용할 수 있었다. 이것은 근대적 군용 식기의 원조 격이며, 이 기본 디자인은 이후에 등장하는 야전용 식기로 계승되었다(P86 참조).

3

제1차 세계대전
(1914) ~ (1918)

준비가 부족한 상태에서 참전할 수밖에 없었던 미군.
하지만 실전 경험을 쌓으면서 비약적으로 진보했으며,
그 진보는 전투식량의 분야 또한 예외가 아니었다.

개인용 전투식량

1
917년 4월 2일, 미국은「무제한 잠
수함 작전」을 선언한 독일에 대해
선전포고를 하며 제1차 세계대전
(1914~18년)에 참전했다. 하지만 당시의 미
육군은 아직 전쟁을 치를 준비가 되어있지 않
았고, 이것은 병영식 또한 마찬가지였기에 육
군에서는 병영식의 개선에 착수, 참전에 따른
군 조직의 규모 확대에 맞춰 조리 전문 인원을
양성하게 되었다. 또한 제1차 세계대전은 기
술의 발전에 따라 이전과는 전쟁의 양상이 크
게 달라졌으며, 특히 화포의 발달은 취사 마차
의 전선 진입을 거의 불가능하게 만들었다. 이
러한 상황에 대응한 전투식량을 필요로 하게
되면서, 제1차 세계대전은 미군에 있어 근대적
전투식량 개발의 원년이라 할 수 있을 정도로
중요한 출발점이 되었다.

WWI 게리슨 레이션(주둔지용 병영식)			
쇠고기	620g	버터	15g
밀가루	558g	당밀(시럽)	39cc
베이킹파우더	25g	레몬즙	4g
누에콩	74g	시나몬	4g
감자	620g		
플럼(서양 자두)	40g		
커피	35g		
설탕	100g		
라드(돼지기름)	20g		
농축우유	16g		
식초	29cc		
소금	20g		

하드 브레드

제1차 세계대전 당시의 하드 브레드는 예
비용 식량(reserve ration) 구성 품목 중
하나로, 금속제 캔에 들어 있었다. 당시의
하드 브레드는 남북전쟁 당시의 것보다
조금 작은 48×52×9mm 정도였으며, 캔
하나의 무게는 약 250g이었다.

제1차 세계대전의 전투식량

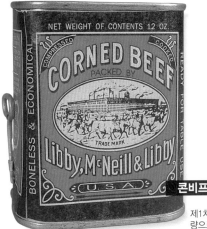

NET WEIGHT OF CONTENTS 12 OZ.

콘비프

인스턴트커피

제1차 세계대전에서 사용된 리저브 레이션은 개인이 휴대하는 식량으로 개발된 것으로, 하드 브레드(앞 페이지 참조), 콘비프, 포크 앤 빈즈, 커피, 베이컨 등으로 구성되어 있었다. 통조림은 민간 시장에서 유통되고 있던 것을 그대로 유용한 것이며, 쇠고기 통조림으로는 콘비프를 사용하는 경우가 많았다. 또한 전쟁 중에는 「수용성(Solbule)」이라 불렸던 조지 워싱턴사의 인스턴트커피가 사용되었다. 리저브 레이션은 전후에도 내용물을 변경하는 등의 개량이 지속적으로 이루어졌으며, 이 콘셉트는 제2차 세계대전 중에 사용된 C-레이션(다음 페이지)으로 이어지게 된다.

개인용 베이컨 캔

베이컨 캔은 1913년에 채용된 베이컨 휴대용 금속제 용기로, 사이즈는 7.6×18×7.6cm. 용량에 관해서는 1914년에 발행된 미 육군 보병용 장비 설명서에 「사이드 베이컨을 2레이션 분」이라고만 적혀 있다.

근대적 레이션의 등장

제 1차 세계대전은 그때까지 없었던 새로운 양상의 전쟁으로, 전투식량 또한 이에 대응할 필요가 있었다. 미 육군에서는 ①집단 배식용인 트렌치(trench, 참호) 레이션, ②개인용인 리저브 레이션, ③비상용인 이머전시 레이션이라는 세 종류의 특수 전투식량을 개발했는데 이는 미군 최초의 근대적 전투식량으로, 이후에 개발되는 전투식량에 큰 영향을 주게 되었다.

이머전시 레이션

이머전시 레이션은 1907년에 개발된 긴급 상황용 전투식. 볶은 밀가루와 건조 쇠고기 분말을 섞어 압축시킨 식품과 초콜릿을 금속 용기에 담은 것으로, 장병들 사이에선 일명 "아머(포장업자의 이름에서 유래) 레이션" 또는 "아이언 레이션"이라 불렸다.

04 제2차 세계대전
(1939) ~ (1945)

강대한 국력으로 제2차 세계대전을 승리로 이끈 미국.
전투식량의 질 또한 그 국력에 비례하는 것이었으나,
장병들 사이에선 여전히 불만의 목소리가 높았다.

본격 야전용 전투식량의 탄생

일 본군의 진주만 공습을 계기로 제2차
세계대전에 참전한 미국. 초반에는
경험 부족으로 인한 참패도 있었으
나 강대한 국력을 바탕으로 전쟁에서 승리했다.
미국의 국력은 전투식량에도 그대로 반영되었
는데, 그 질과 양은 '세계 최고'였다. 당시 미군
의 야전 식량은 조리가 끝난 식품으로 평소 장
병들이 수 끼니분을 휴대하다가, 전선으로 급식
추진이 불가능할 때에 한해 사용되었다. 실전에
서는 전투식량을 연속해서 여러 끼니에 걸쳐 취
식하는 일도 많았기에 군에서는 계속해서 메뉴
보강을 꾀했다. 하지만 메뉴에 질려버린 장병들
의 불만을 완전히 해소할 수는 없었고, 문제 해
결은 이후의 과제로 계속 남게 되었다.

C-레이션

C-레이션은 제1차 세계대전
장시 사용되었던 리저브 레이
션의 후계작으로, 1936년부터
본격적인 개발이 시작, 대전 중
에 대량으로 조달이 이루어졌
다. 6개의 통조림으로 1일분이
구성되며, 3개가 고기 요리, 나
머지 3개가 각각 빵(비스킷),
음료, 사탕 종류라는 조합이다.

C-레이션의 내용물

햄버그

K-레이션

K-레이션의 겉 포장

K-레이션은 1942년에 채용된 야전용 전투식량으로 원래는 공수부대 등에서 사용할 것을 목적으로 개발된 것이며, 형식명인 「K」는 개발자인 생리학자 안셀 키스(Ancel Keys)박사의 이름에서 유래하였다. K-레이션은 이중으로 된 종이상자(안쪽 상자는 방수를 위해 파라핀으로 코팅)에 한 끼분을 포장한 것으로, 메뉴는 아침, 점심, 그리고 저녁의 세 종류가 존재했다. 아래 사진은 후대의 군장 수집가용으로 당시의 제품을 그대로 재현한 것이며 저녁용이다. 내용물은 시기에 따라 조금씩 달라졌다.

K-레이션의 내용물

K-레이션은 비스킷, 통조림(육류나 치즈), 음료, 설탕, 껌, 과자, 담배, 성냥 등으로 한 끼분이 구성되어 있으며, 구성품은 생산 시기에 따라서 달라졌다. 위 사진은 당시 생산품인 서퍼(supper, 석식) 유닛.

소부대 급양용 10-1
(Ten in One) 레이션

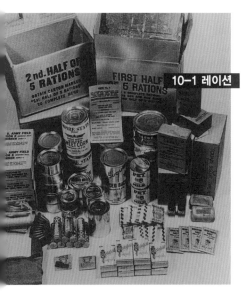

10-1 레이션

10-1 레이션은 2개의 유닛으로 나뉜 10명의 1일분 식료를 하나의 패키지에 담은 소부대 급양용 레이션으로, 1943년에 채용되었다. 내용물은 B-레이션(통조림 고기, 과일, 야채 등의 식품으로 구성)이 기본으로, 여기에 콘비프나 압축 비스킷 등이 추가되었으며, 5종의 메뉴가 존재했다.

내용물의 구성이 훨씬 풍성했던 10-1 레이션은 C나 K-레이션에 질려 있던 장병들 사이에서 상당한 호평을 듣게 되었다.

베트남 전쟁
(1962) ~ (1975)

거듭되는 개선으로 점차 나아진 군의 급식 사정.
그 성과로 전장에서 따끈한 식사를 지급했으며,
동시에 야전용 전투식량의 기능성 향상도 이루어졌다.

개인용 전투식량

1 950년대, 동서냉전이 시작되면서 미국은 국가 전략을 대폭적으로 재 검토할 필요성에 직면했다. 이에 따 라 군의 질적·양적 변화가 있었는데, 이는 전 투식량도 예외는 아니었다. 미군의 전투식량은 주둔지나 취사시설이 설치된 전선에서 사용하 는 「대용량 보급레이션」과 야전용인 「작전 레 이션」으로 크게 나뉘었으며, 양질의 식사를 전 선에 공급하기 위한 노력 덕분에 하루 식사 중 적어도 두끼는 따끈한 음식을 먹을 수 있게 되 었다. 그럼에도 MCI라 불리는 통조림 레이션은 여전히 최전선의 주식이었다. 또한 전쟁 말기 에는 동결건조식품을 사용한 특수 임무용 LRP 푸드포켓이 채용되기도 했다.

RCI
(Ration, Combat, Individual)

제2차 세계대전 중에 사용했던 C-레이션의 후계로 개 발된 전투식량으로, 영양가와 실용성의 향상에 주안 점을 두고 만들어졌다. 제식 명칭은 「Ration, Combat, Individual(개인용 전투식량)」이었으나, 일반적으로는 그 냥 "C-레이션"이라 불렸기에 종종 혼동을 일으키기도 했다. 1948년에 도입된 RCI는 세 끼가 하나의 상자에 포 장되어 있었으며, 메뉴의 가짓수와 내용물은 여러 차례 에 걸쳐 변경이 이루어졌다.

1950년대에 지급된 RCI는 두꺼운 종이 상자 안에 세 끼 분의 통조림과 액세서리 패킷이 수납된 형태였다.

RATION, COMBAT, INDIVIDUAL

MCI

(Meal, Combat, Individual)

MCI는 RCI의 후계로 1961부터 조달이 시작된 전투식량으로, 한 상자에 한 끼분이 포장되었으며 범용성과 유연성 모두 이전보다 향상되었다. MCI에는 모두 12종류의 메뉴가 있었으며, 하나의 패키지는 메인 요리, 크래커, 과일, 케이크, 스프레드로 구성되었는데, 여기에 더해 각 메뉴에는 커피, 크림, 껌, 담배, 성냥 등이 들어 있는 액세서리 팩과 플라스틱 스푼이 부속되었다.

MCI의 겉포장

MCI는 한 끼 분의 통조림 4개가 16×13×8cm 크기의 두꺼운 종이 박스에 담겨 있었다.

MCI의 내용물

LRP 푸드 포켓(Food Packet, Long Range Patrol)은 보급이 곤란한 원격지에서의 작전 행동용 전투식량으로, 동결건조식품이 사용된 최초의 것이었다. 무게는 340g 정도로 가벼웠으며, 휴대의 간편함 때문에 장병들 사이에서 호평이었다. 메인 메뉴 외에는 초콜릿 캔디와 음료 등이 부속.

LRP의 겉포장

LRP 푸드 포켓

LRP의 내용물

스파게티 with 미트소스

LRP 푸드 포켓은 보통 물을 붓고 5분(뜨거운 물은 2분) 정도면 취식이 가능했지만, 그냥 스낵처럼 먹을 수도 있었다.

현대의 전투식량

베트남 전쟁 이후 (1975) ~

시대의 변화에 따라 진화를 거듭해온 전투식량은
전후 기술의 혁신을 통해 더욱 큰 진화를 이루었으며,
그 기술은 민수 시장에서도 널리 활용되고 있다.

군에서 식품 보존은 큰 고민거리로, 통조림은 그 해결책 가운데 하나였다. 하지만 통조림은 휴대하기 불편했기에 새 보존 방식이 필요했다. 이에 따라 새로이 등장한 것이 바로 가압 살균 방식의 레토르트 식품으로, 40년대에 고안되었으나, 실용화에는 시간이 필요했다. 미국에서는, 메사추세츠 주의 나틱(Natick) 연구소에서 1957년부터 민간 기업과 공동으로 개발했는데, 완성된 레토르트 팩은 아폴로 계획용 우주식으로 이용되었으나, 실제 상품화된 시기는 FDA(미 식약청)의 인가를 얻은 70년대 후반이었다. 미군에서 처음으로 레토르트 파우치가 사용된 것은 1980년에 도입된 MRE로, 그 기능성 향상은 기존 전투식량과 격을 달리할 정도였다.

레토르트 식품의 도입

CHICKEN ALA KING

MRE용 레토르트 파우치

NET WT. 8 OZ. (227g.)

레토르트 식품은 용기에 담은 식품을 가압 살균 장치에서 처리한 것으로, 상온에서도 장기간 보존할 수 있다는 특징을 지닌다. 현재 이러한 레토르트 팩은 미국 뿐 아니라 세계 각국의 전투식량에도 채용되어 있다.

세계 최초의 시판 레토르트 식품

세계에서 처음으로 레토르트 식품을 채용한 것은 스웨덴 군이었다고 알려져 있으나, 시판용 레토르트 식품 1호는 일본의 오츠카 식품에서 1968년에 발매한 「본 카레(ボンカレー)」였다.

진화하는 보존법

현재 우리 주변에는 다양한 식품들이 유통되고 있는데, 이 중에는 전투식량 개발 덕분에 만들어진 식품도 다수 존재한다. 대표적인 것이 동결건조법으로, 이 연구는 1950년대부터 나틱 연구소에서 시작되었다. 동결건조법의 특징은 식품의 용적과 중량을 줄이면서 필요할 때는 냉수 또는 온수를 부어 다시 원래대로 되돌릴 수 있다는 것으로, 식품의 풍미나 영양 손실이 적었다. 동결건조법은 1960년대의 LRP 레이션에 도입되어 성공을 거두었으며, 현재는 한랭지용 전투식량인 RCW나 MCW 등에 활용되고 있다. 또한 1960년대, 미군은 방사선조사를 통한 식품 보존 연구를 진행, 상당히 좋은 결과를 거두었으나 끝내 전투식량의 보존 기술로는 사용되지 못했다.

Smoked Ham
na Radiation 2.5 x 10[6] rep
n September 1955
emperature since October 1955

Smoked Ham
Control
Room Temperature since October 1955

방사선 조사법

동결건조법

기능적인 전투식량 MRE

CHICKEN ALA KING

MRE의 내용물

액세서리 패킷

MRE

MRE는 MCI의 후계작이라 할 수 있는 전투식량으로, 조직화된 급양 시설의 설치가 불가능한 상황에서의 사용을 상정한 것이었다. 개발이 시작된 것은 1960년대 후반으로, 식품을 파우치에 넣어 살균하는 레토르트 방식이 채용되었으나, 실용화 등의 문제로 본격 조달이 개시된 것은 1981년부터의 일이었다.

wet-nap

Taster's Choice

Domino SUGAR

IODIZED SALT

MILK CARAMELS

전 장 의 따 끈 한 식 사 **전 투 식 량 용 가 열 제**

전장에서의 따끈한 식사는 장병들의 소망.
하지만 상황에 따라서는 그조차 불가능할 수 있다.
소형 스토브마저 쓸 수 없는 경우의 든든한 아군.
그것이 바로 전투식량용 간이 가열제이다.

전장의 든든한 아군
Hot Chow with FRH

전 장에서는 장병들에게 따끈한 식사를 제공하기 힘들다. 때문에 소형 스토브가 지급되지만, 상황에 따라선 이조차 사용 못 하는 경우도 존재한다. 그래서 고안된 것이 화학반응을 이용한 가열제이다. 이를 최초로 도입한 것은 미군으로, 1993년부터 MRE에 동봉하였다. 이 가열제는 마그네슘에 물을 가해 열을 발생시키는 것으로, 「Flameless Ration Heater」, 통칭 "FRH"라고 불린다.

미군용 가열제
FRH for MRE

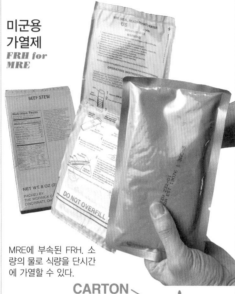

MRE에 부속된 FRH. 소량의 물로 식량을 단시간에 가열할 수 있다.

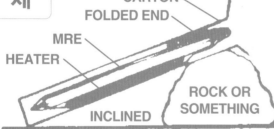

CARTON
FOLDED END
MRE
HEATER
ROCK OR SOMETHING
INCLINED

육상자위대 간이 가열제
JASDF Ration Heater

육상자위대의 현용 간이 가열제는 패키지 하나에 3개가 부속. 사진과 같이 주식 팩을 사이에 넣고 가열한다.

한편 일본 육상자위대에서도 전투식량 II형용으로 가열제를 개발했는데, 이것이 바로 2000년부터 지급이 시작된 「간이가열제」이다. FRH와 달리 물을 사용하지 않는 것이 특징으로, 시중의 손난로와 마찬가지로 공기 중의 산소와 철분이 반응하는 원리를 이용하고 있다. 물을 사용하지 않아 편리했으나, 가열에 약 1시간이 소요된다는 것은 큰 단점으로, 자위대에서는 물을 사용하는 신형 가열제를 개발, 2007년부터 기존의 가열제와 신형을 용도에 맞춰 사용하고 있다.

장병들의 사랑을 받는 A-레이션

흔히 '레이션'이라고 하면 전투식량만 주목받기 십상이지만,
그 주류를 차지하는 것은 주둔지에서 제대로 조리된 일상식이다.
신선한 식재료를 조리하여 급양하는 「장병들의 일상식」.
잘 알려지지 않은 A-레이션의 실태를 살펴보자!

일반적으로 '레이션'이라고 하면 전장이라고 하는 특수한 상황에서 먹는 전투식량의 인상이 강하다. 하지만 전장에서의 취식을 목적으로 하는 전투식량(Combat Ration)은 군의 급식(Ration) 전체에서 보자면 극히 일부분에 지나지 않는다. 전투식량은 어디까지나 보급 상황에 따라 사용되는 예비식에 해당하며, 군의 식사에서 주류를 차지하는 것은 규정된 레시피에 맞춰 조리, 제공되는 병영식, 속칭 '짬밥'인 것이다.

병영식은 군의 기지(주둔지)나 시설에서 공급하는 것과 야외(전장) 설영지에서 공급하는 것으로 나뉘며, 미군에서는 기지 등에서 제공하는 일상식을 A-레이션이라 하는데, 이 A-레이션은 신선한 식재료를 조리한 것이 중심으로 흔히 "게리슨 레이션(Garrison Ration)"이라고도 불리고 있다('Garrison'에는 군의 항구적 시설. 즉, '주둔지'라는 의미가 있다). A-레이션은 식재료의 재고량에 맞춰 그 메뉴가 정해지는데, 물론 이때 무엇보다 중시되는 것이 영양 밸런스라

는 것은 말할 것도 없다.

A-레이션의 메뉴는 시대에 따라 변화해왔는데, 이것은 미국 국민들의 식습관과 기호의 변화에 내응한 것으로, 특히 장병들의 뿌리 깊은 패스트푸드 선호가 메뉴의 결정에도 큰 영향을 끼쳤다고 한다. 일반적으로 '짬밥'하면 맛이 없다는 이미지가 있으나, 끊임없는 개선을 통해 맛 또한 「거리의 레

스토랑에 내놓아도 손색이 없을」것이라는 평가가 정착되기에 이르렀다. 참고로 하루 섭취 열량은 일반 성인 남성 기준으로 2200kcal이 권장량이지만, 미군에서는 장병들의 활동량을 고려하여, 하루 3600kcal이라는 비교적 높은 수치를 책정했다. 하지만 이 수치도 이전에 비해선 조금 낮춰진 것이라 한다.

장병들의 사랑을 받는 A-레이션이란?

그냥 한 마디로 "A-레이션"이라 불리고 있지만, 일반적 식사와 기본적으로 같기에, 그 실태를 파악하기
는 좀 어려운 면이 있다. 그래서 이를 잘 보여주는 일례로, 『LIFE』지 1941년 7월 7일자 기사와 1944년
7월 6일에 발행된 육군 매뉴얼 TM10-205 『Mess Management and Traning』에 근거, 시판 중인 식재
료로 대전 당시의 A-레이션을 재현해 보았다. 사진의 메뉴는 점심 식사이지만 미군에서는 하루 세끼 중
에서 점심을 가장 든든히 먹기에, 일반적으로 「정찬」을 의미하는 "Dinner"라 불리고 있다.

야채

점심과 저녁 식사의 단골 메뉴가
바로 야채로, 단품 또는 샐러드
로 만들어 배식되었다. 야채의 종
류는 아스파라거스, 콩, 브로콜리,
양배추, 당근, 오이, 콜리플라워,
양파, 순무 등으로 상당히 버라이
어티한 구성이었다. 참고로 토마
토는 과일과 야채 두 항목에 모두
포함되어 있었다.

야채와 드레싱

야채는 그대로 혹은 피클로 배식
되었는데, 드레싱으로는 치즈, 프
렌치, 사우전드, 아일랜드, 마요네
즈 등이 사용되었다. 사진의 메뉴
에는 올려져있지 않으나, 가능하
면 양을 조절할 수 있도록 야채와
분리해서 배식하는 것이 바람직하
다고 되어 있다.

미 육군 매뉴얼을
통해서 보는 실태

1942년 7월 6일에 발행된 미 육
군 매뉴얼 TM10-205 『Mess
Management and Traning』. 육
군의 급양과 훈련에 대해 개략적
으로 설명하고 있으며, 주로 기지
및 주둔지에서의 급식에 중점을
두고 A-레이션 메뉴 구성의 기본
해설이 주 내용이다.

육군에서
특히 사랑받은
치킨 디너
Favorite Army Meal

고기 요리의 사이드 메뉴

고기 요리에는 감자 요리가 사이
드 메뉴로 나오는 것이 보통이었
는데 육군 매뉴얼에도 감자를 곁
들이도록 지시가 되어 있었다. 물
론 상황에 따라서는 메뉴에서 생
략할 수도 있었다.

고기 요리

고기 요리는 점심 식사의 단골 메
뉴로, 저녁에는 식재료의 재고에
맞춰 고기 또는 다른 식재료를 사
용한 요리가 메인이 되었다. 소,
돼지, 닭, 양 외에 사슴이나 햄이
사용되기도 했다. 매뉴얼에 실린
닭고기 조리법으로는 로스트, 브
로일링, 프라이드, 스튜, 찹수이
(chop suey, 미국식 중화요리) 등
이 있다.

과일

점심과 저녁의 단골 메뉴로 배식되었던 것 가운데 하나가 바로 과일. 신선한 과일 외에 통조림이나 말린 과일 등이 제공되기도 했다. 그 종류로는 사진에 실린 살구 외에 사과, 각종 베리류, 오렌지, 복숭아, 수박 등이 있었다. 매뉴얼에는 이 외에 토마토와 아보카도가 과일 항목에 포함되어 있었다.

음료

식사와 함께 제공된 음료는 커피가 주류를 차지했으나, 이외에도 코코아, 핫 초콜릿, 홍차(여름에는 아이스 레몬 티)가 제공되었다. 커피용 설탕과 밀크는 테이블 위에 비치되었는데, 커피용 밀크는 주로 무가당 연유가 사용되었다.

감자 요리

수많은 식재료들 가운데에서도 특히 많이 쓰인 것이 바로 감자였는데, 고기 요리의 사이드 메뉴는 물론 아이리쉬 포테이토 등으로도 조리·배식했다. 매뉴얼에는 프라이드 포테이토, 해쉬드 포테이토, 포테이토 케이크 등의 조리법이 있었으며, 감자의 대용품으로는 옥수수나 쌀이 이용되었다.

스프레드 류

빵에 곁들여져 나온 것은 버터, 잼, 젤리, 마멀레이드였는데, 콘 브레드, 핫 비스킷, 토스트 등에는 주로 버터가 곁들여졌다. 또한 프렌치토스트의 경우에는 시럽이 같이 배식되었다.

빵

한 마디로 '빵'이라고 해도 그 종류는 매우 다양했으며, 흰 빵, 흑빵, 호밀빵, 콘 브레드, 핫 비스킷(빵과 비스킷의 중간) 그리고 도넛 등이 제공되었다. 일단 사진에는 빵이 2장만 올려져 있으나, 일반적으로는 테이블 위에도 더 먹을 사람을 위한 빵이 준비되어 있었다. 참고로 빵은 토스트 또는 프렌치토스트로 제공되기도 했다.

각종 식기류

식사에 사용되는 도구(cutlery)는 메뉴에 따라 구성이 바뀌었는데, 사진의 메뉴에는 나이프와 포크, 티스푼이 놓여 있으나, 대부분의 경우에는 여기에 스푼이 추가되는 것이 일반적이었다.

6

7

8

9

10

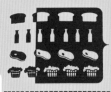

YOU'RE FED ABOUT 4,500 CALORIES DAILY.

레이션의 열량 비교

제2차 세계대전 당시, 장병들이 하루에 섭취했던 열량은 약 4500㎉(현재는 3600㎉)로 규정되어 있었다. 군 당국의 설명에 의하면 민간인들보다 1000~2500㎉ 정도 높다고 되어 있는데, 당시 미군의 장병들이 상당히 높은 열량의 식사를 했다는 것을 알 수 있다. 우측의 일러스트는 1944년 8월에 미 육군에서 발행한 팸플릿에 실린 것으로, 군 장병들이 민간인들보다 훨씬 잘 먹고 있다는 것을 나타내고 있었다. 참고로 당시의 장병들이 하루에 먹은 식사의 양은 평균 2.5kg로, 한 끼를 먹는데 소요된 시간은 평균 15분 정도였다.

CIVILIANS NEED LESS FOOD— AND GET LESS!

세계 각국의

Military Rations
of the World

「장병 여러분, 잘 먹겠습니다!」

군대가 있는 곳에는 전투식량 또한 함께 하는 법.
다종다양한 식재료와 요리, 그리고 음료들….
그 내용은 그야말로 세계 요리의 경연장이며,
이를 통해 우리는 각국의 식문화를 살필 수 있다.
전투식량은 세계 식문화의 또 하나의 '거울'이다.

현용 전투식량

[미군 집단용 야전식량]

UGR
Unitized, Group Ration

전장에서도 맛있는 것을 먹고 싶다!
이것은 장병들의 간절한 바람일 것이다.
이러한 바람에 응한 야전식량이 바로 UGR이다.

UGR은 50인분의 식사를 제공하며, 각종 식품과 1회용 식기로 구성되어 있다. 아래 사진은 여러 종류의 메뉴가 섞여 있는 것이지만, 대략적인 이미지는 쉽게 이해할 수 있을 것이다. 참고로 좌측 하단의 식품은 소스를 버무린 감자이다.

맛있는 것을 먹고 싶다는 것은 인간의 자연적 욕구이며, 전장에서 싸우는 장병들이라고 예외는 아니다. 하지만 전장에서는 양질의 식사 공급이 극히 어렵다는 것 또한 사실이다. 이러한 문제를 해결하기 위해 개발된 것이 현재 미군에서 사용하고 있는 UGR로, 50인분의 식사를 제공할 수 있다. UGR은 메인 요리를 대형 깡통(트레이 캔)에 담아, 조리 작업을 간결하고도 합리적으로 만들어 고품질의 급양이 가능하도록 한 것이 특징이다. 메뉴는 아침용이 7종, 점심/저녁용이 14종으로, 이 메뉴들은 매년마다 검토를 실시, 지속적인 마이너 체인지가 이루어지고 있다. 식품의 가열에는 포터블 히터를 사용하지만, 상황에 따라서 후방에서 조리한 식사를 보온 용기에 담아 배식하기도 한다.

전장의 카페테리아

TRAYCAN
트레이 캔

메인 요리와 디저트가 금속제 트레이 캔에 들어 있기에, UGR은 속칭 "T-레이션"이라 불리기도 한다. 현재는 폴리프로필렌 재질로 변경, 편의성이 한층 향상되었다.

POTATOES DICED IN SAUCE

INGREDIENTS: Water, Potatoes, Margarine, Modified Food Starch, Salt, Sugar, Natural Butter Flavoring, Lecithin, Calcium Chloride, Spices, Calcium Disodium EDTA.

TO HEAT

To Heat In Water: Submerge unopened can in water. Simmer gently 40-45 minutes. Avoid overheating (can shows evidence of bulging).

Caution: Use care when opening as pressure may have been generated within the can.

To Heat In Oven: Either punch several holes in lid of can or open can in usual manner leaving the loose lid in place. Place in a 350°F oven 35-40 minutes.

WARNING: DO NOT PLACE UNOPENED CAN IN OVEN. This may cause the can to burst.

YIELD
Serves 16 portions of 2/3 cup each.

Packed By:
SOPAKCO
Bennetsville, South Carolina 29512

NET WT. 6 LBS. 10 OZ.

UGR의 내용물

1. 식품 트레이
2. 포도 젤리(잼)
3. 인스턴트커피
4. 옥수수 통조림
5. 살사소스
6. 종이컵
7. 종이 식판
8. 체리 음료
9. 커피 프림
10. 땅콩버터
11. 쓰레기봉투
12. 다이닝 포켓

UGR은 50인분의 식료와 식기류로 구성된다. 앞 페이지 좌측 상단의 사진처럼 1세트는 3개의 상자로 구성(사진은 1상자분을 펼친 것). UGR에는 사진의 가열 공급(H&S) 메뉴 외에 신선 식품과 냉동식품으로 구성된 UGR-A가 존재하는데, 이쪽은 보다 고품질의 식재료를 사용한 것이 특징이다.

TURKEY SLICE
칠면조 슬라이스

메인 메뉴인 칠면조 슬라이스는 점심/저녁용 메뉴 가운데 하나로, 미국과 유럽에서는 인기 있는 식재료이다. 맛은 기본적으로 담백하지만, 꽤 먹을 만하다.

CANNED
옥수수 통조림

50인분이나 되는 관계로 사이드 메뉴인 옥수수 통조림도 업소용 사이즈, UGR의 메뉴에는 이외에도 믹스 베지터블이나 그린 빈즈 등이 사이드 메뉴로 들어 있다.

[미군 개인용 전투식량]

MRE
(*Meal,*
Ready-to-Eat)

야전용 전투식량의 대표 격이라 할 수 있는 존재로,
그 우수한 기능성과 다양한 메뉴는 그야말로 발군!
그 배경에는 미국식 합리주의가 있었다.

세계 각국의 수많은 전투식량들 중에서도 가장 유명한 것이라면, 아마도 미군의 MRE일 것이다. MRE는 완전 방수 비닐 팩에 한 끼 분이 포장되어 있는 전투식량으로, 1981년에 첫 도입된 이래, 다양한 개선을 거쳐 현재에 이르고 있다. 가장 큰 특징은 메뉴의 다양함인데, 현재 24종(도입 당초에는 12종)의 메뉴가 존재하며, 전형적인 미국식 요리부터 이국풍의 요리, 여기에 더해 채식주의자용 메뉴, 이슬람교 신자들을 위한 메뉴까지 준비되어 있다. 하지만 여기서 그치지 않고 매년 메뉴의 교체가 이뤄지는 등, 전 세계의 전투식량들 가운데에서도 No.1이라 할 수 있는 존재이다. 또한 레토르트 파우치를 데울 수 있도록 물을 사용하는 가열제가 동봉되어 있는 등, 기능면에서도 세계 최고라 할 수 있다. 하지만 그 맛에 관해서는 상당히 다른 의견(…)들이 교차하고 있다는 듯하다.

24종의 메뉴 가운데 가장 볼륨 있는 「Menu 1」 비프스테이크.* 부속된 식품의 종류도 다른 메뉴보다 풍부하다.

※역주 : 비프스테이크는 2004–2005년도 기준 No.1으로, 2006년 생산분부터는 메뉴에서 제외되었다.

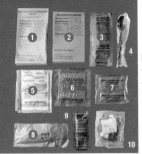

MRE의 내용물은 장기간 보존을 전제(섭씨 27도 기준으로 최저 3년)로 하고 있기에 단단히 포장되어 있는 것이 특징이다. 각 메뉴에는 메인 메뉴를 데울 수 있는 가열제(P24 참조)와 조미료 등이 들어 있는 액세서리 패킷(P68 참조)이 동봉되어 있다.

진화하는 전투식량계의 ~~챔플~~

MRE(No.1)의 내용물

❶ 비프스테이크
❷ 웨스턴 스타일 빈즈
❸ 비프 스낵(육포)
❹ 스푼
❺ FRH(습식 가열제)
❻ 크래커
❼ 체리 비버리지
❽ 티슈 롤
❾ 땅콩버터
❿ 액세서리 패킷

BEEF STEAK
비프스테이크

1997년에 채용된 이래로, 줄곧 인기 메뉴였던 비프스테이크. 하지만 단가 등의 문제 때문에 생고기 대신 성형육을 사용하고 있다. 보존식량의 숙명 상, 맛과 형태도 본래의 스테이크에는 미치지 못하지만, 나름대로 먹을 만하다.

WESTERN STYLE BEANS
웨스턴 스타일 빈즈

스테이크의 사이드메뉴인 웨스턴 스타일 빈즈는 스테이크와 함께 미국 요리의 대표 격이라 할 수 있는 포크 앤 빈즈의 계보를 계승한 것이다. 이 메뉴는 2001년부터 도입되었으며 이전에는 멕시칸 라이스가 그 자리를 차지하고 있었다.

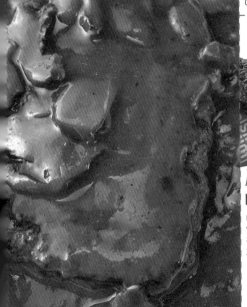

BEEF SNACK
비프 스낵

미국 서부 요리를 의식한 메뉴 1에는 비교적 부드러운 타입의 비프 스낵(육포)이 부속되었다. 사진에서 보는 바와 같이 민수품을 그대로 유용한 것이지만, MRE에 동봉된 제품들은 민수용 포장 위에 군용 포장을 덧씌우게 된다.

[미군 한랭지용 식량]

RCW
(Ration, Cold Weather)

세계 각지에 긴급 전개가 가능한 미군의 경우,
전투식량도 임무에 맞춰 제작된 것이 존재하는데,
그중에서도 RCW는 한랭지용 특수 식량이다.

RCW는 취식법에 대한 별도의 지시 없이 취향에 따라 조합하도록 되어 있다. 사진의 메뉴는 오트밀, 너트, 그래놀라 바, 프루츠 바, 코코아, 그리고 애플 사이다로 구성되어 있다.

전투식량 중에는 그 사용 목적이 한정된 것도 존재하는데, 특히 단기간에 세계 각지에 부대를 전개할 수 있는 태세를 갖춰야 하는 미군의 경우 특수한 목적에 적합한 전투식량을 채용하고 있으며 그 대표 격이라 할 수 있는 것이 바로 한랭지용인 RCW이다. RCW는 미 해병대의 소요제기에 따라 개발된 것으로 세 끼 분이 2개의 팩에 들어 있는데, 각 식품은 동결로 인한 변질을 방지하기 위해 동결건조법으로 제조된 식품이나 수분 함량이 적은 것을 사용하고 있는 것이 특징이다. 또한 패키지는 한랭지에서의 위장효과를 감안, 흰색으로 통일되어 있다. 또한 한랭지용이라는 것을 감안, 비교적 고열량으로 설정되었는데 세 끼를 합쳐 평균 4500kcal(MRE의 경우에는 3750kcal)을 섭취할 수 있다. 또한 RCW는 해병대 한정 전투식량은 아니며 육군의 일부 부대에서도 사용되고 있다.[※]

※역주 : 2001년부터 MCW로 교체가 시작, 현재는 MCW가 그 자리를 차지하고 있다.

2개의 팩으로 1일분

SPAGHETTI W/ MEAT SAUCE
미트소스 스파게티

미트소스 스파게티는 미군의 레이션에 있어 단골 중의 단골 아이템으로, RCW에서는 어는 것을 막기 위해 동결건조가공이 되어 있는 것이 들어 있다. 참고로 스파게티의 면은 짧게 잘린 상태인데, 이는 스푼만으로 취식이 가능하도록 하기 위함이다.

CANDY CHOCOLATE BAR
캔디 초콜릿 바

한랭지에서 부족한 열량을 보충하기 위해 부속된 캔디 바. '캔디'라고는 하지만 실제로는 우유와 버터를 이용해서 만든 퍼지(fudge)라고 불리는 당과에 초콜릿을 코팅한 제품이다.

DEHYDRATED ENTREES
동결건조식품

RCW의 동결건조식품은 반투명 비닐로 포장되어 있으며, 여기에 뜨거운 물을 부으면 1분 만에 취식이 가능하다. 액세서리 패킷에는 봉투를 밀봉할 때 사용할 2개의 플라스틱 클립이 들어 있다. 식품 취식에 필요한 온수의 양은 메뉴별로 다른데, 오트밀의 경우에는 250cc, 스파게티의 경우에는 380cc로 지시되어 있다.

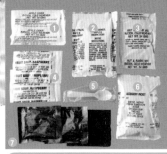

RCW의 내용물 팩A (No.6)

1. 애플 사이다
2. 오트밀
3. 너트 & 레즌
4. 라즈베리 프루츠 수프 (2봉)
5. 스푼
6. 액세서리 패킷
7. 코코아 (3봉)

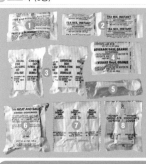

RCW의 내용물 팩B (No.6)

1. 블루베리 프루츠 바
2. 인스턴트 티 (2봉)
3. 오트밀 & 그래놀라 바 (2봉)
4. 오렌지 비버리지
5. 스푼
6. 미트소스 스파게티
7. 캔디 초콜릿 바
8. 초코 커버드 쿠키

[미 해병대 한랭지용 전투식량]

MCW
(Meal, Cold Weather)

RCW와 비슷하지만 이쪽은 패키지 하나가 한 끼 분.
내용물 또한 아주 살짝 'Gorgeous'하다?!
명칭도 해병대와 육군에서 각기 다르게 부르고 있다.

앞 페이지에서 다룬 RCW와 비슷하면서도 다른 전투식량이 바로 MCW이다. RCW가 2봉지로 하루 세 끼 분인 것과 달리, MCW는 "Meal"이란 단어가 의미하듯 1개의 패키지에 한 끼분의 식료가 포장된 것이 특징인데, 이 전투식량은 미 해병대의 소요제기에 따라 개발된 것으로, 한랭지에서의 특수작전 중에 사용할 것을 상정하고 있다. 이것의

원형은 베트남 전쟁 당시 사용되었던 LRP 레이션의 발전형으로, 동결건조식품을 중심으로 구성되었다는 것이 특징이다. 패키지 하나를 취식하는 데는 870~1240cc의 물이 필요하나, 물을 사용하지 않고 그냥 스낵처럼 취식하는 것도 가능하다. 현재 MCW에는 12종의 메뉴가 존재하며, 패키지 하나에 담긴 열량은 평균 1540kcal이다.

사진은 12번 메뉴인 「스크램블 에그 with 베이컨」. 전체적인 인상은 RCW와 비슷하지만, 1팩이 한 끼인 관계로 RCW보다 유연하게 사용이 가능하다. 스푼은 MRE와 같은 것이 들어 있다.

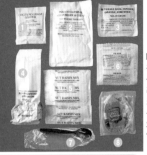

MCW의 패키지는 RCW와 마찬가지로 위장효과를 고려, 흰색으로 통일되어 있다. 액세서리 패킷은 전 메뉴 공통으로, 커피, 크림, 타바스코소스, 껌, 성냥, 화장실용 휴지 등, MRE와 동일한 구성으로 동봉되어 있다.

발주처에 따라 명칭도 다르다?!

MCW(No.11)의 내용물

1. 코코아
2. 오트밀
3. 오렌지 비버리지
4. 스크램블 에그 with 베이컨
5. 너트 레즌 믹스
6. 무화과 빵(Fig bar)
7. 스푼
8. 액세서리 패킷

NUT RAISIN MIX
너트 레즌 믹스

MCW 메뉴 가운데 1/3에 동봉되어 있는 견과류 & 건포도 믹스. 견과류는 영양가가 높아 한랭지에서의 열량 공급에도 최적의 아이템이라 할 수 있다.

SCRAMBLED EGGS WITH BACON
스크램블 에그 with 베이컨

한랭지에서의 사용과 장기보존을 위해 MCW의 메인 메뉴들은 동결건조가공이 되어 있다. 이것을 다시 환원하기 위해서는 약 500cc의 물이 필요하다. 사진의 스크램블 에그는 스펀지와 비슷한 식감이지만 맛 자체는 그리 나쁘지 않은 편이며, MCW에는 이외에도 웨스턴 오믈렛, 비프 스트로가노프, 치킨 & 라이스, 비프스튜 등의 메뉴가 존재한다.

MCW & LRP
해병대 & 육군 버전

해병대에서 지급하고 있는 MCW이지만, 이름만 다른 동일 전투식량이 육군에서도 사용 중이다. 미 육군 버전의 MCW는 LRP(Long Range Patrol) 푸드 포켓이라 불리며, 특수부대용으로 사용되고 있다. MCW/LRP는 해병대와 육군의 소요제기에 따라 개발되어 지난 2001년 회계연도에 완성되었다. 이에 따라 기존에 육군에서 사용되던 동명의 전투식량은 재고 소진 후 폐지, 그 자리를 LRP 푸드 포켓이 차지하게 되었다. MCW와 LRP의 주된 차이점은 패키지의 색상이며, 이 외에는 액세서리 패킷에 약간의 차이가 있다.

[미군 서바이벌 푸드 포켓]

Food Pocket, Survival

건급 상황에서 사용되는 비상식량, 그것이 바로 서바이벌 푸드 포켓이다. 내용물은 부실해 보여도 영양가는 충분하다.

푸드 포켓은 압축 시리얼 바와 인스턴트 음료, 그리고 원터그린(wintergreen, 북미산 노루발풀의 일종) 항미가 들어간 태블릿으로 구성되어 있다. 상자의 크기는 10.5×10×5cm으로 콤팩트하게 짜여 있다.

(GP-1)

「**G**eneral Purpose Survival Food Pocket」은 미 공군의 소요 제기에 따라 개발된 것으로, 서바이벌, 또는 적지에서 급히 탈출해야 할 때에 사용할 것을 목적으로 만들어졌으며, 식수의 양이 한정된 상황에서의 5일간 연속 사용을 상정한 비상식량이다. 이 푸드 포켓은 기존에 여러 종류가 존재했던 생존용 비상식량을 1961년에 하나로 통일한 것으로 당초에는 이지 오픈 방식의 캔에 담겨 있었으나, 현재는 두꺼운 종이 상자로 변경되었다.

CORN FLAKES BAR
콘플레이크 바

푸드 포켓의 콘플레이크 바는 물을 부어 죽처럼 만들어 먹는 것도 가능하지만 단단하게 압축되어 있기에 사진과 같은 상태로 만들려면 다소의 시간이 필요하다.

긴급 상황에서는 식사도 하드하다.

INSTANT DRINKS
인스턴트 음료

부속되어 있는 홍차는 MRE에 들어 있는 것과 같이 분말 타입이 사용된다. 구형의 경우, 커피와 설탕이 들어 있었으나 어째서 홍차로 바뀌었는지는 불명.

치킨 부용(bouillon)은 런천미트의 대명사인 "스팸"으로 유명한 호멜사의 제품. 뜨거운 물의 양은 수통 컵으로 1컵(약 240cc)으로 지시되어 있다.

푸드 포켓의 내용물

1 콘플레이크 바 (2개)
2 그래놀라 바
3 쇼트 브레드 바
4 윈터그린 태블릿
5 인스턴트 아이스 티
6 치킨 부용(수프)

(항공기 및 구명뗏목용)

CHARMS(CANDY)
참스 캔디

하드 캔디는 탄수화물로 100%로, 즉시 에너지로 변환이 가능하므로 이상적인 비상식량이라 할 수 있다. 사진의 "참스"는 미국에서 가장 인기 있는 브랜드이며, 제2차 세계대전 당시부터 긴급용 비상식량으로 유용되어왔다.

「**F**OOD POCKET, SURVIVAL, AIRCRAFT, LIFE LAFT」는 미 해군의 소요 제기에 따라 개발된 것으로 긴급 생존용 키트에 수납되며, 항공기가 해상에 추락, 구명 뗏목에서 구조를 기다리는 긴급 상황에서 사용하도록 되어 있다. 내용물은 하드 캔디와 슈거 코팅이 입혀진 껌으로 총 열량은 300kcal 정도. 동봉된 끈은 봉투의 입구를 봉하는 용도로 사용된다.

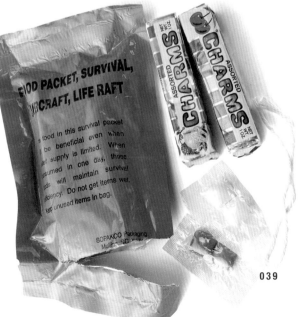

[영국군 개인용 전투식량]
24 HOUR RATION

요리의 맛으로 정평(…)이 난 영국.
물론 전투식량의 내용물 또한 예외는 아니었다.
하지만 비스킷만큼은 톱클래스라는데….

일찍이 영국의 소설가 서머싯 몸이 「영국에서 잘 먹으려면 하루에 아침을 세 번 먹어라(To eat well in England you should have breakfast three times a day).」라는 말을 남겼을 정도로, 영국 요리에 대한 평판은 그리 좋은 것이 못된다. 영국인들은 음식에 대하여 독자적 가치관을 지니고 있기에, 타국인이 뭐라 말하기는 어렵지만 역시 전투식량의 내용물에는 신경이 쓰인다. 영국군의 전투식량은 제2차 세계대전 중에 사용된 「24 Hour Ration」(P131 참조)의 발전형으로, 문자 그대로 1일분의 식사를 하나의 상자에 포장한 것이다. 내용물은 하루 세 끼 분의 메인 메뉴를 담은 레토르트 팩과 각종 부식들로 구성되어 있는데, 전체적으로 주는 인상은 좀 「밋밋하다」는 느낌. 이것이 영국의 전통(?)이라 한다면, 딱히 할 말은 없지만, 요리에 조금 더 식욕을 자극할만한 포인트가 있었으면 싶다.

24h 레이션은 상자 뒷면에 아침과 점심, 저녁의 메인 메뉴가 적혀 있는 것 외에는 구체적인 지시가 없다. 사진의 메인 메뉴는 랭커셔식 핫포트(lancashire hotpot)이라 불리는 영국 향토요리이다.

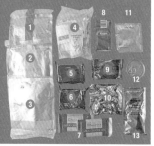

24h 레이션은 세 끼분의 식료를 소형 골판지 상자(약 19×20×11cm)에 수납한 것. 1일분치고는 양이 조금 적다는 인상이다. 각 식품은 영국의 독자 표기로 적혀 있으며, 이름에서 주는 이미지와 내용물 사이의 괴리감이 느껴지는 것들이 제법 있다.

24h 레이션의 내용물

① 랭커셔식 핫포트
② 베이컨 앤 빈즈
③ 프루츠 덤플링
④ 액세서리 백
⑤ 프루츠 비스킷
⑥ 브라운 비스킷
⑦ 초콜릿
⑧ 휴지
⑨ 오트밀 블록(쿠키)
⑩ 보일드 스위츠(캔디)
⑪ 양파 수프
⑫ 허브 & 터키 스프레드
⑬ 초콜릿 믹스(코코아)

홍차가 인스턴트라고?!

BISCUITS
비스킷

평판이 썩 좋지 못한 영국요리이지만, 비스킷만큼은 꽤 높은 순위에 올려줘도 좋을 정도로 훌륭한 맛. 24h 레이션에는 프루츠와 브라운의 두 종류가 부속되어 있다.

점심, 또는 저녁 식사용 메인 메뉴 가운데 하나인 프루츠 덤플링. 일종의 경단요리인데, 간을 달게 맞춘 것은 좀 아니지 싶다.

ACCESSORIE BAG
액세서리 백

각종 음료는 액세서리 백에 포장되어 있는데, 역시 홍차의 나라답게 인스턴트 홍차는 4기가 들어 있다. 부속된 음료 중에서는 분말 오렌지 드링크(위 사진)의 맛이 제법 괜찮은 편.

액세서리 백의 내용물

① 커피 프림
② 오렌지 파우더
③ 베지터블 드링크
④ 인스턴트커피
⑤ 백설탕
⑥ 인스턴트 화이트 티
⑦ 껌
⑧ 정수제
⑨ 성냥

[캐나다군 개인용 전투식량]

IMP
(Individual Meal Pack)

점심거리를 담은 종이봉투와 같은 외양.
내용물도 겉포장과 비슷해서 꽤 콤팩트하다.
하지만 안에 든 물품의 수는 의외로 많은 편이다.

서양인들의 아침 식사 단골 메뉴인 오트밀. 맛은 벌꿀과 아몬드 풍미가 느껴지지만. 솔직히 동아시아인의 입맛에는 맞질 않는다.

전체적으로 콤팩트한 느낌의 아침 메뉴. 메뉴 구성은 북미 대륙풍이라는 느낌이지만, 음료 중에 수박 주스가 들어 있다는 것은 캐나다만의 특징?! 맛은 옛날의 싸구려 분말 주스와 비슷하다.

웅 대한 대자연으로 관광객들에게 인기가 많은 캐나다. 하지만 그 식문화에 대해서 논하자면, 뭐랄까… 구체적으로 떠오르는 이미지가 좀 부족한 것이 사실이다. 전체적으로는 국경을 접하고 있는 미국과 큰 차이가 없는 편인데, 이것은 캐나다군의 전투식량 메뉴에도 그대로 적용된다. 캐나다군의 전투식량인 IMP는 한 끼 분의 식료품을 하나의 팩에 포장한 것으로, 3개의 팩으로 1일분이 구성되며 메뉴도 아침, 점심, 저녁이 구분되어 있는데, 팩 자체는 종이로 되어 있으나 안쪽에는 금속 호일이 씌워져 있어 습기에 대한 보호가 이루어져 있다. 메뉴 구성은 북미 대륙풍이라는 인상이지만, 내용물의 표기가 영어와 프랑스어로 동시 표기가 되어 있는 것은 캐나다만의 특징! 이러한 배려는 미국 브랜드의 껌과 사탕도 예외가 아니다.

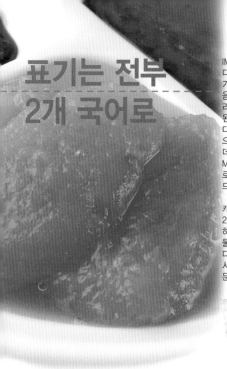

표기는 전부 2개 국어로

IMP에서 놀라운 특징은 그 다양한 내용물 구성이다. 여기 소개한 4번 메뉴의 경우, 음료가 3종에 과자가 2종, 그리고 각종 조미료까지 동봉된 상당히 충실한 라인업이다. IMP의 특징이라면 부식으로 빵이 들어 있다는 점인데, 이와 같은 사례는 미국의 MRE에서나 볼 수 있는 정도로, 전 세계적으로 보자면 좀 드문 부류에 속하는 셈이다.

캐나다는 영어와 프랑스어, 2개 국어를 공용어로 사용하고 있기 때문에 IMP 내용물의 표시도 전부 두 종류이다. 단, 케첩만큼은 프랑스에서는 외래어로 취급하기 때문에 영어 표기뿐이다.

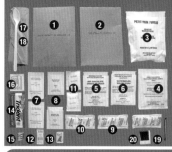

24h 레이션의 내용물

❶	햄 스테이크
❷	슬라이스드 페어
❸	프티 빵
❹	오트밀
❺	핫 초콜릿(코코아)
❻	수박 주스
❼	인스턴트커피
❽	커피 프림
❾	라즈베리잼
❿	케첩
⓫	설탕
⓬	소금
⓭	후추
⓮	껌
⓯	캔디
⓰	물티슈
⓱	스푼
⓲	냅킨
⓳	이쑤시개
⓴	성냥

SLICED PEAR
슬라이스드 페어(서양 배)

아침의 단골 메뉴인 과일은 레토르트식. 단맛을 많이 줄이긴 했으나 시럽 맛밖에는 느껴지지 않고 식감도 그저 그런 편. 이것은 아마도 보존 기간이 너무 길었던 것이 이유일지도 모르겠다.

HAM STEAK
햄 스테이크

메인 메뉴는 과일류와 마찬가지로 레토르트팩이며, 상자 안에는 영양 성분 등이 표시된 종이가 들어 있다. 사진의 햄 스테이크는 육즙이 풍부하며 씹는 맛도 있어서 꽤 먹을 만하다.

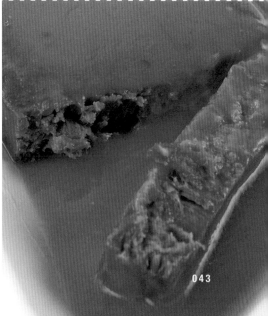

[오스트레일리아군 개인용 전투식량]

Combat Ration One Man

독자적인 맛이 없다고 하는 오스트레일리아이지만,
현재는 많은 이민을 받아들여 식문화도 다양해졌으며,
전투식량에도 이러한 변화가 반영되었다.

일본이나 한국에는 쇠고기로 대표되는 다양한 식료품의 수출 국가로 잘 알려진 오스트레일리아. 그러한 산업 구조를 반영하듯, 오스트레일리아군의 전투식량 또한 놀랄 만큼 내용물이 풍성하다. 너무도 다양한 내용물에 혼란함까지 느껴질 정도이지만, 부속 설명서만 잘 따르면 딱히 문제될 것은 없다. 일단 하루 세 끼 분 메뉴와 다양한 부식 및 액세서리로 빵빵한 볼륨을 자랑하는데, 메인 메뉴는 영국 요리의 영향을 받았으나, 시리얼 바와 같은 독자적인 아이템이나 라면 같은 외래 식품까지 들어 있어, 그야말로 버라이어티한 구성이다. 다만 겉보기엔 조금 밋밋한 느낌이 없지는 않다는 것이 좀…

의외로 가벼운 느낌의 저녁은 치킨 누들이 메인 메뉴. 수프는 특유의 진한 맛으로 호불호가 갈리지만, 이 점은 야채수프도 마찬가지이다.

오스트레일리아하면 가장 먼저 떠오르는 캥거루. 식품의 포장에도 당당하게(?) 그 모습이 찍혀 있다.

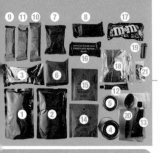

Combat Ration의 내용물

1. 비프 세이버리
2. 비프 사테(동남아식 꼬치요리)
3. 인스턴트 누들
4. 과일 통조림
5. 치즈 통조림
6. 크림 크래커
7. 앤잭 비스킷*
8. 스카치 핑거 비스킷
9. 포레스트 프루츠 바
10. 뮤즐리 바
11. 애프리코트(살구) 바
12. 라즈베리 스프레드
13. 연유
14. 초콜릿 드링크
15. 야채수프
16. 초콜릿
17. M&M's
18. 액세서리 백
19. 방수케이스에 든 성냥
20. 스푼 & 냅킨
21. 세제가 묻어 있는 스펀지

※역주 : ANZAC biscuit, 귀리와
밀가루를 섞어 만든 비스킷.

내용물의 가짓수는 천하일품!

오스트레일리아군 전투식량의 포장은 기본적으로 다크 그린 계열이며, 통조림 깡통에는 도색이 되어 있지 않다. 초콜릿인 M&M's의 경우 민수품이 그대로 들어 있다. 내용물이 많아서 지급받자마자 적당히 구분하는 편이 좋겠지만, 유감스럽게도 그런 용도의 봉투는 포함되어 있지 않다.

CANNED FRUIT
과일 통조림

아침이 아닌 점심용으로 지정된 과일 통조림. 내용물은 깍둑썰기를 한 서양배로, 단맛은 그리 강하지 않다. 전투식량의 과일은, '꽝'이 거의 없는 편이다.

ACCESSORIE BAG
액세서리 백

부속된 액세서리는 조미료, 음료, 과자, 그리고 캔 따개 등으로 구성되어 있다. 부속된 색지는 패키지 내부에 든 식품들의 상태 확인이나 전장에서 사용하는 마커 등으로 쓸 수 있도록 되어 있다.

액세서리 백의 내용물

1. 베지마이트
2. 베리
3. 껌
4. 베리 믹스
5. 인스턴트커피 (2봉)
6. 라임 파우더 (2봉)
7. 티백
8. 스위트칠리소스
9. 타바스코
10. 설탕 (8봉)
11. 소금
12. 후추
13. 캔 따개 겸 스푼
14. 식별용 색지

저녁 메뉴와 비교해 딱히 차이가 없는 아침 메뉴. 사진의 메인 메뉴는 원래 점심인 비프 세이버리 (beef savoury)로, 쇠고기와 여러 야채를 토마토소스로 푹 끓인 요리다.

[뉴질랜드군 개인용 전투식량]

HUNGER BUSTER

이웃 나라인 오스트레일리아와 대동소이한 모습.
하지만 요리의 맛은 조금 다르다.
의외로 담백한 맛은 동아시아 취향일지도?

원래 포장지에 메뉴의 조합이 지정되어 있으나 여기서는 임의로 재구성해보았다. 메인 요리는 치킨, 파스타, 야채, 버섯 등이 들어간 리소토이며 카레 맛이 첨가되어 있다.

양으로 대표되는 축산업으로 유명한 뉴질랜드. 뉴질랜드군은 육해공 3군을 합쳐 정규 현역이 9062명, 예비역이 2213명(2012년 기준)으로 대단히 규모가 작은 군대이다. 하지만 그 규모와는 관계없이 뉴질랜드군 또한 독자적인 전투식량을 채용하고 있는데, 1일분을 하나의 패키지에 담아 지급하고 있는 것이 특징이다. 여기 소개하는 「헝거 버스터」는 민수용으로 판매되고 있는 것이지만, 그 내용물은 군 지급품과 동일하며 차이점이 있다면 두꺼운 종이로 된 포장재가 들어 있다는 점 정도이다. 뉴질랜드의 식문화는 이민을 받아들이기 시작하면서 영국 요리의 축소판을 벗어나 다채로운 색깔을 띠기 시작했는데, 헝거 버스터에서도 이러한 모습을 엿볼 수 있다. 전체적 구성은 이웃인 오스트레일리아와 비슷하지만 그 맛은 독자적인 모습을 띠고 있다.

오세아니아에서는 라면이 인기?

라면을 조리할 때에는 면을 반으로 쪼개 뜨거운 물을 붓도록 지시되어 있다. 수프는 깔끔한 맛의 치킨 베이스.

헝거 버스터의 내용물

1. 치킨 누들
2. 건포도
3. 백설탕
4. 초콜릿
5. 오렌지 파우더
6. 소금
7. 치즈 스프레드
8. 딸기잼
9. 연유
10. 리소토
11. 비스킷
12. 티백
13. 애프리코트(살구) & 허니 바
14. 블루베리 & 애플 바
15. 뮤즐리(오트밀)
16. 인스턴트커피

CHICKEN NOODLE
치킨 누들

뉴질랜드군도 라면을 레이션의 메뉴로 채용했는데, 설명서에는 점심과 저녁용으로 구분되어 있다. 1개의 중량은 85g으로, 일본이나 한국의 인스턴트라면(100g 내외)보다 약간 양이 적은 것이 특징이다.

뉴질랜드군의 전투식량은 세 끼 분이 하나의 패키지에 들어 있으며, 오스트레일리아군 전투식량의 간략화 버전이라는 느낌이다.

MUESLI
뮤즐리

한국이나 일본에서는 아직도 약간은 생소한 시리얼의 일종인 뮤즐리. 이것은 압착한 귀리와 건포도 등을 섞은 것으로 스위스의 향토식이기도 하다. 세계의 식문화가 모여 있는 뉴질랜드다운 메뉴라고도 할 수 있을 것이다.

STRAWBERRY SPREAD
튜브에 든 딸기잼

뉴질랜드군 전투식량에 들어 있는 스프레드는 딸기잼과 치즈 스프레드. 이 가운데 딸기잼은 튜브식으로 되어 있어 알뜰하게 먹을 수 있다는 점이 편리하다. 양도 크래커 4장에 발라 먹기에 충분하고도 남을 정도.

[프랑스군 개인용 전투식량]

RATION DE COMBAT

양식이라고 하면, 역시 프랑스
군대의 전투식량이라 생각하기 어려울 그 맛에는
미식 대국의 긍지가 살아 있다.

현재는 레토르트 팩을 사용한 전투식량이 대세이지만, 보존기간이 길다는 등의 이점 때문에 여전히 통조림 깡통을 사용한 전투식량도 많다. 통조림의 원리를 발명해낸 것이 프랑스의 니콜라 아페르였으며, 이 연구를 장려했던 것이 나폴레옹이었기 때문인지는 모르겠지만, 현재도 프랑스군은 통조림 중심의 전투식량을 채용하고 있다. 「RCIR」은 1일분의 식료를 하나의 상자에 포장한 것으로, 특히 주목할 만한 것은 바로 통조림 깡통 속의 내용물이다. 일반적으로 통조림 요리는 수준이 많이 낮다는 인상이 강하지만, 프랑스군의 그것은 이런 인식을 불식시킬 정도의 맛으로 서양 요리의 중심을 자처하는 프랑스 요리의 진면목을 보여준다. 하지만 비타민 등이 부족하단 이유로 프랑스 인들은 통조림을 그리 선호하지 않는데, 딱히 근거가 있는 믿음은 아니라고 한다.

메인 메뉴 중 하나가 "타진 드 플레(모로코 풍 닭고기 스튜)"로, 원래는 닭이나 양고기를 야채와 함께 푹 쪄낸 요리. 동봉된 초코 비스킷과 함께 격이 다른 전투식량이다.

미슐랭 가이드도 극찬?

부속되어 있는 비스킷은 초콜릿 맛과 소금 맛 두 종류 모두 훌륭한 맛. 겉포장에 「고급(supérieur)」이란 단어가 적혀 있는 초콜릿은 너무 달지 않고, 깔끔한 인상이다.

RCIR의 내용물

1. 비스킷
2. 간이 스토브
3. 타진 드 플레
4. 참치 감자 통조림
5. 화장지
6. 음료 팩
7. 생선 포타주
8. 캐러멜
9. 초콜릿
10. 프루츠 젤리
11. 치즈 통조림
12. 참치 페이스트
13. 시리얼 프루츠 바
14. 캔디
15. 각설탕
16. 자일리톨 껌

전투식량 상자에는 가열용 스토브가 들어 있어 야전 상황에서도 따끈한 식사를 할 수 있도록 되어 있다.

CHEESE
치즈

얼핏 보기에 프랑스 치즈인 "라 바쉬 키 리(la vache qui rit)"를 연상시키는 웃는 소 그림이 그려져 있으나, 상품명 표기는 프랑스어가 아닌 영어…?! 사실이 치즈는 프랑스가 아니라 오스트레일리아산 가공 치즈다.

THON POMMES DE TERRE
참치 감자 통조림

또 하나의 메인 메뉴가 바로 "톤 폼므 드 테르(Thon pomme de terre)" 참치와 감자를 푹 졸인 것으로, 당연한 소리겠지만 이쪽도 맛이 훌륭하다. 통조림은 모두 이지 오픈 방식이다.

049

[이탈리아군 개인용 전투식량]
RAZIONE VIVERI SPECIALI

이탈리아군의 전투식량은 세 끼 분을 각각의 상자에 담아, 이를 다시 하나의 팩으로 포장한 것이 특징으로, 상황에 따라 필요한 만큼을 휴대 가능하다.

한국, 일본에서 꾸준한 인기를 자랑하는 이탈리아 요리. 풍성한 양이 특징이지만, 전투식량은 좀 자제한 느낌, 그래도 메뉴는 틀림없는 '이탈리안'이란 느낌.

독자적인 요리 스타일을 지니고 있으며, 최근 들어서는 일종의 '슬로우 푸드'로도 주목을 받고 있는 이탈리아 요리는, 파스타나 리소토, 생선과 고기요리, 디저트 등의 다양한 메뉴로 인기를 끌고 있다. 이와 같이 풍요로운 식문화를 자랑하는 이탈리아 군의 전투식량은 통조림 중심으로, 세 끼 분을

하나의 패키지로 묶은 형태로 되어 있다. 특히 흥미로운 것은 정수제가 충실하게 갖춰져 있다는 점인데, 시약에 탈염소제까지 구비되어 있다. 또한 세 끼에 맞춰 칫솔까지 3개 들어 있다는 것은 다른 국가의 전투식량에서 찾아볼 수 없는 특징이지만, 크기가 좀 작아서 사용하기 불편하다는 것은 조금 유감. 통조림 깡통은 이지 오픈식으로 개봉이 편리하지만, 충격으로 파손되기 쉽다는 단점도 있다.

LUNCH MEMU
점심 메뉴

세 끼 가운데 가장 든든한 것이 바로 점심. 이탈리아 요리라면 당연하다는 듯 메인 메뉴로는 파스타가 들어 있다. 전투식량 패키지 안에는 접이식 간이 스토브가 들어 있어 통조림 요리를 가열하여 취식할 수 있다.

라치오네 비베리의 내용물

《점심 메뉴 박스》

❶ 젤리소스를 얹은 칠면조
❷ 파스타와 누에콩
❸ 프루츠 칵테일
❹ 크래커
❺ 커피
❻ 설탕
❼ 에너믹스(보조식)
❽ 보조식품류

하루 세 끼 분이 따로 담긴 상자 중에서 가장 내용물이 다양한 것은 아침용 메뉴인데, 이는 간이 스토브와 고형 연료, 칫솔, 정수제 등의 공통 품목(아래 표를 참조)이 같이 들어 있기 때문이다.

전장에서도 맛있는 파스타를!

《아침 메뉴 박스》
① 비스킷
② 복숭아잼
③ 살구잼
④ 카푸치노
⑤ 레몬 티
⑥ 소금
⑦ 설탕
⑧ 감로주
⑨ 냅킨 세트

《공통 품목 류》
⑩ 스푼
⑪ 이쑤시개(3개)
⑫ 칫솔(3개)
⑬ 정수제
⑭ 시약
⑮ 탈염소제
⑯ 쓰레기봉투(3장)
⑰ 성냥
⑱ 조리용 스토브
⑲ 고형연료(6개)

MORNING MEMU
아침 메뉴

이탈리아군 전투식량의 아침 메뉴는 가벼운 메뉴 중심의 구성. 점심, 저녁의 경우에는 크래커가 부속되어 있으나, 아침 메뉴에는 비스킷이 들어 있다.

DINNER MEMU
저녁 메뉴

통조림 두 개로 구성되는 저녁 메뉴. 부속된 에너지 바는 필요한 영양소를 넣어 만든 과자로, 운동 시의 영양 보급용으로 취식하는 것이다.

SUPPLEMENT
보조식

점심 메뉴에는 에너지 보충용 보조식이 두 종류 들어 있다.

《저녁 메뉴 박스》
① 얇게 썰어 젤리소스를 얹은 쇠고기
② 야채 리소토
③ 크래커
④ 에너지 바
⑤ 커피
⑥ 설탕

INSALATA DI RISO
야채 리소토

저녁 메뉴의 메인은 이탈리아 고유의 쌀 요리인 리소토. 쌀밥을 주식으로 하는 일본이나 한국인 입장에선 비스킷과 쌀을 같이 먹는 게 좀 이상하긴 하지만, 이탈리아에서 리소토는 파스타와 마찬가지로 수프와 같은 위치의 요리이다.

CARNE BOVINA IN GELATINA
얇게 썰고 젤리소스 얹은 쇠고기

저녁 메뉴용 쇠고기 통조림. 쇠고기라고는 하지만 실제로는 살라미 소시지에 가까운 느낌. 기름처럼 보이는 것은 젤리소스로, 가열을 하더라도 액상으로 변하지는 않는다.

[스위스군 개인용 전투식량]

KAMPRATION

국민개병제로 유명한 영세중립국 스위스.
하지만 이미지와 달리 전투식량은 전부 민수 제품.
컬러풀한 내용물은 마치 슈퍼마켓을 방불케 한다.

일반적으로 전투식량이라고 하면, 최신 기술로 개발되었으며 장병들에게 필요한 영양을 고루 갖춘 휴대식량… 이라는 이미지가 강하지만, 실제로는 민간 시장의 식품을 그대로 유용하는 사례도 많다. 하지만 시판품을 사용하더라도 포장은 군수품 사양에 맞춰 변경되는 경우가 많은데, 여기 소개할 스위스군의 전투식량은 내용물의 태반이 시판 패키지를 그대로 사용하고 있다. "캄프라시온(Kampration, 전투식량)"이라는 명칭과는 영 어울리지 않는 구성이지만, 장병들이 별다른 저항감 없이 받아들일 수 있다는 장점도 있다. 이 캄프라시온은 하루 세 끼 분의 식료가 하나의 상자 안에 들어 있는데, 아침, 점심, 저녁의 기본 세 끼 외에 간식이 별도로 설정되어 있다는 특징이 있다. 컬러풀한 내용물이 들어 있는 캄프라시온은 보고 있는 것만으로도 제법 즐겁다.

대체 어디가 '군용'…?

BREAKFAST
아침 메뉴

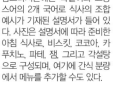
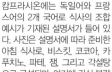

캄프라시온에는 독일어와 프랑스어의 2개 국어로 식사의 조합 예시가 기재된 설명서가 들어 있다. 사진은 설명서에 따라 준비한 아침 식사로, 비스킷, 코코아, 카푸치노, 파테, 잼, 그리고 각설탕으로 구성되며, 여기에 간식 분량에서 메뉴를 추가할 수도 있다.

ACCESSORIE BAG
액세서리 백

캄프라시온 안에는 식기류 일체가 동봉되어 있으며 여기에 추가로 필요한 것은 음료용 컵 정도이다. 액세서리 백에는 냅킨, 물티슈, 커틀러리(취식도구), 홍차, 조미료, 이쑤시개, 쓰레기봉투 등이 부속된다.

PÂTE À TARTINER
파테

아침 메뉴용 비스킷에 발라 먹을 스프레드로는 파테(고기 페이스트)가 부속되어 있다. 스위스에서는 주에 따라 독일어, 프랑스어, 이탈리아어 등이 쓰이는 관계로 깡통 표면에는 독일어와 프랑스어로 영양 정보 등이 표기되어 있다.

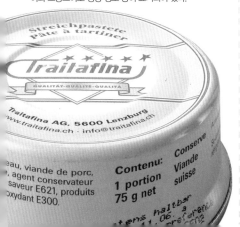

CHILI CON CARNE
칠리 콘 통조림

식문화의 국제화를 상징하는 것이 바로 이 통조림 깡통으로, 이 칠리 콘 통조림은 이른바 "텍스멕스(tex-mex)"라 불리는 멕시코 풍의 미국 요리로, 콩과 고기를 매운 고추 양념으로 푹 졸인 것. 프랑스군도 전투식량 메뉴로 채용하고 있다.

[러시아 우주군 전투식량]

RUSSIAN SPACE TROOPS Ration

언뜻 보기엔 좀 소박해 보이는 인상의 내용물.
하지만, 그 맛과 볼륨은 제법 괜찮은 편.
러시아군의 전투식량은 숨겨진 명품이다.

DINNER
저녁

하루 세 끼 가운데 가장 볼륨 있는 저녁 메뉴. 레모네이드와 카샤, 닭고기 파테, 딸기잼, 비스킷, 토마토소스, 설탕 등으로 구성되어 있는데, 비스킷은 아침이나 점심의 두 배인 16장이 들어 있다. 메인 메뉴인 보리(실은 메밀일지도?)에 쇠고기를 넣어 만든 러시아 전통 죽 카샤는 조금 맛이 밍밍한 편인데, 부속되어 있는 토마토소스를 섞어 먹는 것도 나쁘지 않지만, 자칫하면 소스 맛밖에 나지 않는다. 레모네이드는 신맛이 좀 강한 편이지만 설탕이 3봉 들어 있으므로 딱히 문제는 없다.

냉전시대 당시 미국과 어깨를 나란히 하는 양대 강국이었던 소련. 하지만 1991년 12월에 소비에트 연방이 붕괴, 러시아 연방으로 그 모습을 바꾸게 되었다. 물론 이 과정에서 공화국들이 분리 독립하여 이전보다 국토의 면적이 다소 줄기는 했으나, 여전히 세계적 강대국임에는 틀림이 없다. 러시아군의 전투식량은 광활한 국토의 크기를 반영하듯, 수납 패키지도 상당히 큰 편이다. 여기 소개하고 있는 것은 러시아 우주군의 전투식량으로, 하루 세 끼 분의 식료품을 하나의 세트로 포장한 것인데, 케이스는 얇은 플라스틱 제이며 윗부분에 손잡이가 달린 디자인이 특징적이다. 참고로 러시아 우주군은 러시아 독자의 조직으로 지난 2001년에 창설되었다.[※]

※역주 : 하지만 2015년 8월에 공군의 산하 조직으로 흡수 통합되면서, 항공우주군으로 다시 출범하였다.

러시아 우주군 전투식량은 얇은 플라스틱 백에 하루 분의 식사를 수납한 것으로, 식사는 한 끼 분마다 구획이 나뉘어 있다. 당연히 취식 순서에도 정해진 규정이 있으며, 왼쪽 밑에서부터 시계 반대 방향으로 취식하는 것이 정답이라고….

사이즈의 거대함은 국토에 비례!

RST 레이션의 내용물

1. 크래커(전체)
2. 카샤(저녁)
3. 소고기 통조림(아침)
4. 마늘 첨가 고기 스프레드(아침)
5. 닭고기 파테(저녁)
6. 완두콩 블록(경식)
7. 프루츠 잼(경식)
8. 사과 잼(저녁)
9. 토마토 소스(저녁)
10. 커피(아침)
11. 분말 우유(아침)
12. 홍차(경식)
13. 레모네이드(저녁)
14. 설탕(전체)
15. 영양제(아침)
16. 물티슈(전체)

LUNCH
경식(점심)

러시아 군 전투식량에서 가장 볼륨이 적은 것은 점심으로 홍차, 잼, 마늘 첨가 파테(스프레드), 완두콩 블록, 비스킷으로 구성된다. 완두콩 블록은 푹 삶은 콩을 갈아서 굳힌 후에 소금으로 맛을 낸 식품이다.

MEET SPREAD
마늘 첨가 고기 스프레드

비스킷용 스프레드로 동봉된 고기 페이스트. 마늘 첨가라고 표기되어 있지만 냄새는 미미한 편이다. 페이스트는 부드러워서 바르기 편하다.

CANNED BEEF
쇠고기 통조림

아침의 메인 메뉴인 통조림. 통조림이라고는 해도 금속 호일을 압착한 재질이기에 거칠게 다루면 변형될 수도 있다. 다진 쇠고기는 짠맛이 강하지만 꽤 맛있으며, 러시아군 레이션 중에서도 '베스트'다.

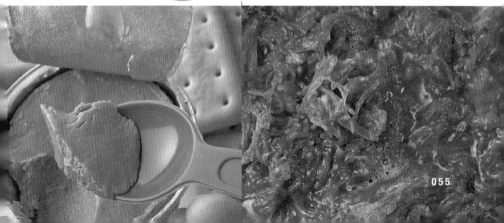

[일본 자위대 개인용 전투식량]
전투양식 I형
(통칭 칸 메시 カンメシ)

일본인의 필수 요소는 쌀밥.
육, 해, 공 3자위대 공통의 전투양식 I형은
세계에 자랑하는 일본의 독자적인 레이션이다.

자위대원들 사이에서 「칸 메시(깡통 밥)」라는 애칭으로 불리는 전투양식 I형. 보안대 시절인 1951년 이래, 현재까지 계속 이어져 오고 있는 '장수만세' 전투식량이다. 채용 이후, 계속 메뉴의 개선이 이루어졌는데, 현재 8가지 메뉴가 존재한다(메뉴 목록은 P120~121을 참조). 주식인 밥이 통조림 깡통 속에 들어 있다는 것이 특징인데, 이는 쌀밥을 주식으로 삼는

일본인들의 식습관에 따른 것으로, 이는 세계적으로도 좀 독특한 경우에 속한다고 할 수 있다. 보존기간은 3년으로, 1년째에는 전국의 보급처, 2년째에는 각 주둔지에 비축되며, 3년째의 물량을 각종 훈련 및 응급 상황 시에 불출·소모한

다. 참고로 이 전투양식 I형은 육해공 3개 자위대의 공통 전투식량이다.[※]

※역주 : 2016년 육상자위대에서는 I형의 신규 구매를 중단하고 앞으로는 II형으로 일원화할 계획이라고 한다.

(No.6)

닭고기 볶음밥을 중심으로 한 6번 메뉴. 1980년대까지는 무색의 깡통을 사용했으나, 현재는 올리브 드랩 도색이 기본. 깡통의 가장자리에는 색을 안 칠했는데, 이는 뚜껑을 열 때 도료가 식품에 혼입되는 것을 방지하기 위함이다.

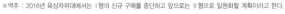

① ② ③

TORI-MESHI
토리 메시(닭고기 볶음밥)

6번 메뉴의 주식은 1965년에 도입된 닭고기 볶음밥. 닭고기와 잘게 썬 양파에 간장, 설탕, 소금을 넣고 볶은 것. 주식의 양은 메뉴별로 차이가 있으며, 이쪽은 약 420g.

No.6의 내용물
《주식》
① 닭고기 볶음밥
《부식》
② 쇠고기 야채 조림
③ 단무지

세계적으로도 훌륭한 맛?

KANPAN & KOMPEITOU
건빵 & 콘페이토(별사탕)

메뉴 1번의 주식은 소형 건빵으로, 별사탕이 동봉되어 있다. 이 별사탕은 모두 4가지 색을 띠고 있는데, 일설에 의하면 이것은 춘하추동의 4계절을 나타낸 것이라고 한다.

(No.1)

메뉴 1번은 주식인 건빵(+별사탕)과 부식인 비엔나소시지, 오렌지 스프레드로 되어 있다. 건빵은 구 일본군 시절부터 비상식량으로 쓰여 왔다.

VIENNA SAUSAGE
비엔나소시지

자위대 대원들 사이에서 호평인 비엔나소시지. 캔 하나에 17개가 들어 있는 이 소시지는 표면에 훈연처리가 되어 있어 제법 훌륭한 풍미를 느낄 수 있다. 이 소시지 캔에 한정해서 간이 캔 따개가 부속되어 있다(P95 참조).

No.1의 내용물

《주식》
❶ 건빵

《부식》
❷ 비엔나소시지
❸ 오렌지 스프레드

GYUNIKUYASAI-NI
쇠고기 야채 조림

전투양식 I형의 메뉴들 중에서도 가장 호사스러운 것이, 바로 6번 메뉴의 부식인 쇠고기 야채 조림. 쇠고기에 연근, 죽순, 곤약 등을 같이 넣고 푹 졸인 것으로, 조금 간이 진하다. 채용된 것은 비교적 최근인 1986년.

ORANGE SPREAD
오렌지 스프레드

건빵에 부속된 오렌지 스프레드. 잼보다는 물엿에 가까운 느낌. 단맛은 강하지 않은 편이며, 발라 먹는 외에, 입을 대고 빨아 타액 분비를 촉진시키는 용도로도 사용된다.

TAKUAN ZUKE
단무지

비엔나소시지와 함께 높은 인기를 자랑하는 단무지. 다시마, 향신료, 조미료, 산미료로 간을 맞췄으며, 씹는 맛도 훌륭하다. 예전에는 2인당 1캔이었으나, 현재는 1인 1캔으로 바뀌었다.

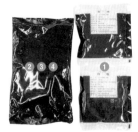

[육상자위대 개인용 전투식량]
전투양식 Ⅱ형
(통칭 파크메시 パックメシ-팩밥)

Ⅰ형과 같은 쌀밥 중심의 전투양식 Ⅱ형.
현대 일본인들의 식생활에 맞춰,
일식에 양식과 중식까지 다양한 메뉴를 자랑.

(No.4)

Ⅱ형의 메뉴들 중에서 특히 인기 있는 비프카레, 쇠고기, 감자, 당근이 들어 있으며, 맛은 시중의 제품과 거의 같다. 매운맛은 조금 덜한 대신 희미하게 단맛이 느껴진다. 주식으로 쌀밥이 2개, 여기에 부식으로 후쿠진즈케와 참치 샐러드가 부속.

No.4의 내용물

《주식》
① 흰 쌀밥×2

《부식》
② 비프카레
③ 참치 샐러드
④ 후쿠진즈케

전 투양식 Ⅱ형은 1990년에 일본 육상 자위대에서 독자적으로 도입한 전투식량이다. 주식과 부식 모두 레토르트 팩에 담은 것이 특징인데, 이 덕분에 400~700g까지 무게를 줄일 수 있었다(Ⅰ형은 평균 780g). 주식은 쌀밥 레토르트 팩으로 구성되어 있으며, 여기에 다수의 부식을 하나로 포장한 부식 팩을 더해서 한 끼 분이 완성된다. 주식은 흰 쌀밥 외에 고모쿠메시,* 볶음밥, 산채밥 등 9종류가 존재하며, 부식 또한 양식, 중화요리, 일식 등 다수의 메뉴가 있는데, 2006년 시점에서는 14종의 메뉴가 존재한다(2009년에 나온 신형은 21종). 훈련 상황에서는 대개 미리 가열한 것을 지급, 취식하게 되는데, 간이 가열제(P24 참조)도 같이 지급되므로 상황에 맞춰 주식을 가열할 수 있도록 되어 있다. 참고로 Ⅱ형의 보존기간은 1년으로 되어 있다.

※역주: 五目飯. 생선, 고기, 야채 등을 넣고 지은 밥.

카레는 단연 인기 최고!

SRAPLE FOOD(RICE)
주식 팩(쌀밥)

주식인 쌀밥은 레토르트 파우치 식. 1팩의 무게는 200g이며 2개의 팩이 한 끼분이다. 밥은 I형의 경우 정미된 쌀을 사용했으나, II형에서는 멥쌀을 사용했다. 사전에 가열한 뒤에 지급되며, 통상적으로 3일간 취식할 수 있다.

부식 팩에는 ②카레, ③참치 샐러드, ④후쿠진즈케가 동봉. 여기에 주식 2팩이 합쳐져 한 끼 분(앞 페이지 좌측 상단)이 완성되는데, 이 상태로는 휴대하기 좀 불편하다는 의견도 존재한다.

II형의 메뉴 1번은 주식을 가열할 필요가 없기에 부식과 함께 묶여 있는데, 장기 보존을 위해 내용물이 보이지 않는 재질의 봉투에 포장되어 있다.

(No.1)

메뉴 1번은 I형의 1번 메뉴에 대응하는 것으로, 주식으로 크래커(36장)가 들어 있다는 것이 특징. 부식인 비프 햄 스테이크는 두툼해서 씹는 맛이 있으며, 계란 수프는 동결건조 방식이다. 감자 샐러드에서는 약간의 산미가 느껴진다.

No.1의 내용물

《주식》
① 크래커

《부식》
② 비프 햄 스테이크
③ 감자 샐러드
④ 계란 수프

[중화민국군 개인용 전투식량]
군용야전구량 A식

레토르트와 통조림을 중심으로 한 세계의 전투식량.
하지만 중화민국군은 독자노선을 택했는데…
그 내용물은 '전투식량'보다는 '간식'?!

동남아 여행의 인기 코스 가운데 하나인 대만(중화민국). 하지만 양안관계 등의 이유로 약 30만 명의 현역 병력을 보유하고 있으며, 방위를 중심으로 한 임전태세를 유지하고 있는 중이다. 하지만 이런 긴박한 이미지와는 달리, 중화민국군의 전투식량인 「군용야전구량(軍用野戰口糧) A식」의 구성은 대단히 심플한데, 내용물은 19.5×9×5cm의 녹색 비닐 팩에 포장되어 있으며, 중량도 겨우 242g밖에 나가지 않는다. 여기에 더해, 내용물도 비스킷 중심의 가벼운 식단으로 일반적인 전투식량의 이미지와는 크게 동떨어져 있다. 참고로 제식명의 「A식」이라고 하는 것은 "메뉴 A"라는 의미로 이 군용야전구량은 A에서 C까지 3종이 존재하지만, 각 메뉴 간의 차이는 잼과 건조육 뿐이다. 현재 사용되고 있는 것은 딸기잼과 건조 돈육이 들어 있는 「C식」이며 「A식」은 지급이 중단된 상태이다.

군용야전구량 A식의 내용

1 비스킷
2 말린 쇠고기
3 밀감잼
4 보리죽
5 인스턴트커피
6 생강엿

중화민국군 야전구량이 지닌 최대의 특징은 소형 경량이라는 점이다. 레이션을 구성하는 아이템은 투명한 셀룰로이드 용기에 수납되어 있지만, 포장이 간소해서 비스킷이 파손되기 쉽다는 것이 단점이다.

스낵 감각의 가벼운 전투식량

DRIED BEEF
牛肉乾(말린 쇠고기)

잼과 마찬가지로 A식만의 아이템이 바로 말린 쇠고기. 보통은 육포 같은 것을 생각하게 되지만, 봉지 안에서 나온 것은 말린 고기 조각이었다. 간장과 향신료로 맛을 냈지만 너무 딱딱하다! 게다가 양도 고작 9g으로 '말린 안주'라는 호칭이 어울릴 정도.

CEREAL
麥片粉(보리죽)

비스킷과 함께 중심 메뉴인 보리죽(시리얼). 하지만 그 양은 봉지 두 개를 합쳐 30g밖에 되지 않는다. 250cc의 물을 더하도록 되어 있는데, 이래서는 죽이 아니라 음료가 되고 만다. 물론 물의 양을 줄이면 죽처럼 먹을 수 있으나, 양이 너무 적다는 것이 문제. 맛 자체는 제법 고급스러운 편이다.

INSTANT COFFEE
巧克粉(커피)

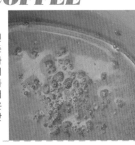

전투식량의 단골 아이템인 인스턴트커피. 하지만 중화민국의 커피는 독특하게도 설탕이 커피에 같이 들어 있으며, 성분 표기를 살펴보면 포도당까지 들어 있는 것으로 나온다. 맛은 커피라기보다는 '커피맛 음료'에 가깝다.

BISCUIT
餠乾(비스킷)

야전구량의 메인 메뉴인 비스킷(사이즈는 74×58×4mm). 포장이 너무도 간소한 관계로, 개봉했을 때에는 이미 부서진 것이 몇 장 있었다. 조금 단단하면서 딱 적당한 느낌의 단맛으로, 민수품이 대부분을 차지하는 야전구량에서 유일하게 군용으로 만들어진 것이 바로 이 비스킷이라고 한다.

GRAPE JUICE
國軍葡萄汁
(포도주스)

전투식량으로 함께 지급되는 포도주스. 야전구량 A식과 마찬가지로 그다지 군용품다운 느낌은 들지 않는다. 내용량은 420cc로 일반적인 캔 주스보다 많다.

CONNED RATION
전투식량 통조림

현재는 지급이 중단된 상태라고 하는 통조림 전투식량. 쇠고기, 참치, 고등어 등의 메뉴가 존재했으나, 정작 장병들 사이에선 평이 좋지 못했다고 한다.

HONEY ORANGE JAM
桔子果醬(밀감잼)

A식 고유의 아이템인 밀감잼. 합성감미료와 착색제를 사용한 좀 오래된 스타일. 현재 지급되고 있는 C식에는 딸기잼이 동봉되어 있다. 별 특징은 없는 보통의 잼.

[대한민국 육군 개인용 전투식량]

ROK ARMY Ration

쌀밥을 주식으로 하는 대한민국.
전투식량 역시 쌀밥 중심.
메뉴도 한국 전통의 「비빔밥」.

의 무병역제로 잘 알려진 대한민국 국군. 하지만 외부로 전해지는 정보는 적은 편이었다. 일본의 경우 비교적 최근에 들어서야 한국군에 관한 서적들이 조금씩 출간되기 시작했는데, 이는 1993년에 문민정부가 들어서고 조금씩 군의 민주화가 진행된 것이 그 이유라고 알려져 있다. 현재 대한민국 육군에서 사용하고 있는 전투식량은 1형과 2형의 두 종류[※1]가 존재하며, 이 가운데 1형은 레토르트식, 2형은 동결건조식으로 제조되었다. 여기 소개하고 있는 것은 상자에 국방부 마크가 찍혀 있지 않은데, 어쩌면 동 제품의 민수 버전[※2]일지도 모르겠다. 또한 주식 메뉴나 내용물도 현용과는 미묘하게 다르다. 1형과 2형은 1980년대에 도입되었으며, 발열팩은 2000년대 중반부터 도입이 시작되었다. 발열팩이 든 즉각취식형은 쇠고기 볶음밥과 햄 볶음밥의 2가지 식단이 존재한다.

※역주1 : 07년 이후 가열팩이 든 즉각취식형 전투식량이 추가.
※역주2 : 2006년경에 군납 업체에서 판매를 시작한 민수 제품. 아웃도어용으로 판매 중.

CHINESE CABBAGE KIMCHI
볶음김치

한국의 전투식량답게 부식으로 배추김치(볶음김치)가 들어 있다. 김치의 맛은 지역마다 조금씩 다르지만, 현재 인기 있는 것은 고춧가루와 젓갈 등을 많이 넣어 농후한 맛을 내는 전라도식 배추김치라고.

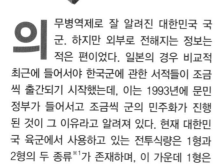

CHA-JANG RICE
짜장밥

고기, 야채와 볶은 춘장소스를 밥 위에 뿌린 인기 메뉴. 원래 중화요리였으나 한국식으로 현지화된 요리로 오리지널과는 별개로 진화했다. 참고로 원래 한국군의 밥에는 보리가 3할 정도 섞여 있었으나, 현재는 쌀 100%로 짓고 있다.

062

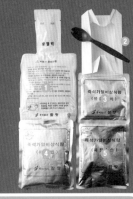

역시 김치는
빠질 수 없는

내용물은 대단히 심플하지만 발열팩은 정말 특필할 만한 크기. 민수 버전에 동봉되어 있는 것은 쌀밥과 짜장소스, 볶음김치뿐이지만 즉각취식형 전투식량의 경우에는 여기에 감미품과 기타 부식이 추가. 스푼과 종이 그릇이 부속되어 있으며, 여기에 음식을 담아 취식할 수 있다.

민수 버전 레이션의 내용물

- ① 발열팩
- ② 종이그릇 & 스푼
- ③ 볶음김치
- ④ 밥(야채밥)
- ⑤ 짜장소스

2형 전투식량
(민수 시장용 버전)

밥을 가열하기 위해서는, 먼저 발열제 윗부분을 상자 밖으로 꺼낸 뒤, 플라스틱 끈을 당긴다. 반응이 시작되면 뜨거운 수증기가 뿜어져 나오므로 상자를 잘 세워둔다. 발열팩의 크기에 비해 의외로 밥은 크게 부풀지 않는다.

VEGETABLE BIBIMBA
야채 비빔밥

시진은 일반 민수 시장용으로 판매되고 있는 동결건조 비빔밥으로, 실제 군에 납품되는 2형 전투식량의 그것과 거의 같은 물건이다. 분말스프와 건조야채를 넣어 섞은 다음, 뜨거운 물 혹은 찬물을 220cc 붓도록 되어 있으며, 10분(찬물은 40분) 뒤에 취식 가능한 상태가 되는데, 여기에 참기름을 넣어 섞어주면 완성. 여기 소개한 야채 비빔밥 외에도 김치 비빔밥, 쇠고기 비빔밥 등이 존재한다.

Ration
18 ROK ARMY Special Force Ration

[대한민국 특수부대용 전투식량]

ROK ARMY
Special Force Ration

특수부대에서 사용할 것을 전제로 용도를 한정,
경량, 소형화를 추구한 한국군 특전식량은
세계적으로 보더라도 상당히 특수한 존재이다.

특정한 용도나 목적에 맞도록 만들어진 전투식량은 세계적으로 봤을 때 몇 종류밖에는 존재하지 않는데, 이런 희소한 부류에 속하는 전투식량 가운데 하나가 바로 대한민국 육군의 특수부대용 전투식량이다. 특수부대는 적의 세력권에 잠입하여 장기간에 걸친 작전행동을 해야 하는 경우가 많으므로, 휴대하는 전투식량은 가능한 한 가볍고, 장기 보존이 가능하면서도 영양가가 높아야 할

필요가 있다. 한국군 특수부대용으로 만들어진 이 특전식량은 조리가 필요 없는 식품을 하나의 패키지에 담은 것으로 가볍고 부피도 작은 편이며, 내용물들은 가볍게 취식 가능한 것들로 구성되어 있다. 현 시점에서는 3종류의 메뉴가 존재하는데, 각 메뉴의 차이는 들어 있는 부식(조미쥐치포, 소시지, 햄) 정도이며, 그 외의 내용물은 기본적으로 공통이다. 전체적으로 기능성을 특히 중시한 구성이라 할 수 있겠다.

대한민국 육군의 특전식량은 건조 압축한 식품들로 구성되어 있다는 점이 특징으로, 앞 페이지에서 소개한 쌀밥 중심의 전투식량과는 근본적으로 다른 모습을 보여준다. 이온 음료가 동봉되어 있는 것은 여러 전투식량들 중에서도 좀 드문 경우인데, 그 맛은 일본이나 한국에 시판되어 있는 동종의 음료와 조금 다르다.

특수부대는 다르다!

특전식량의 주식과 음료는 은색 호일에 포장되어 있으나, 기타 부식류는 비교적 간소한 포장. 습기에 약해보이지만 개봉 후에는 바로 취식하게 되므로 딱히 문제는 없을지도?

특전식량의 내용물

①	스포츠(이온) 음료
②	초코바
③	땅콩 크림
④	강정(깨, 아몬드, 땅콩)
⑤	탈산소제
⑥	조미쥐치포
⑦	고열량 압착식

CEREAL BROCK
시리얼 블록(깨강정)

특전식량의 주식(?)이라 할 수 있는 깨강정. 사이즈는 44×49×13mm이며 네 조각으로 나눌 수 있도록 칼금이 들어가 있다. 전체적 식감은 딱딱한 강정이란 느낌.

DRY FISHES
조미쥐치포

맛은 말 그대로 조미한 건어물 맛이지만, 동봉된 이온음료와 함께 먹는 것은 약간 고역이었다. 양은 20g으로 조금 적은 편.

CANDY BAR
초코바

열량 공급을 목적으로 하는 초코바. 견과류를 섞어 넣은 누가 초코바로, 사이즈는 40×51×11mm. 깨강정과 마찬가지로 네 조각으로 나눌 수 있도록 칼금이 들어가 있다.

NOURISHING FOOD
고열량 압착식

언뜻 보기에는 라쿠간*과 비슷하게 보이는 영양식. 사이즈는 41×47×12mm 정도이며 조금 텁텁한 느낌. 먹을 때는 뭔가 마실 것이 간절히 느껴지는데 땅콩 크림을 발라 먹는 것도 나쁘지 않다.

※역주: 落雁, 볶은 보릿가루나 콩가루를 설탕과 물엿에 반죽하여 굳혀 말린 일본식 과자.

[미국 인도적 일일 배급 식량]

HDR
(Humanitarian Daily Ration)

모든 레이션이 전부 군 장병용 식량인 것은 아니다.
미국의 인도주의가 낳은 난민용 식량 HDR은
그 제공자의 존재를 강하게 어필하고 있다.

패키지 표면에는 이것이 음식물임을 나타내는 그림과 함께 미국의 원조 품임을 나타내는 성조기가 인쇄되어 있다.

HDR의 패키지는 눈에 잘 띄도록 황색으로 만들어졌으나, 미군이 투하하는 확산탄과의 오인 사고가 발생하면서 현행품은 분홍에 가까운 오렌지색으로 변경되었다.

모든 레이션이 군 장병들만을 위한 것은 아니다. 세계 각지에서 발생한 분쟁은 수많은 난민을 발생시켰는데, 이들에 대한 구호용으로 사용되고 있는 것이 바로 HDR(인도적 일일 배급 식량)이다. 이 구호식량은 미국에서 개발한 것으로, 난민들을 위한 급식 시스템이 확립되기까지의 기간 동안 사용할 것을 전제로 한 긴급용 식량이다. 1993년 보스니아에서 처음으로 사용되었으며, 이후 아프가니스탄이나 이라크에서도 사용되었다. 종교적 계율에 따른 제한(P84 참조)을 피할 수 있도록, 채식주의 식단으로 구성된 것이 특징이다. 또한 이 식량을 원조한 것이 누구인지 알 수 있도록 성조기와 함께 미합중국이라는 문자가 패키지 전면에 인쇄되어 있기도 하다. 패키지 하나 당 총 열량은 평균 2200㎉ 정도로, 성인 남성에게 필요한 양으로 설정되었다.

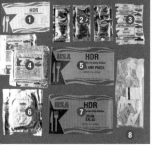

HDR은 1일분의 식료를 하나의 패키지에 담은 것으로, 레토르트 파우치 2개, 빵, 크래커, 스프레드 등으로 구성되어 있다. 조합에 대해서는 딱히 지시가 없으므로, 취향에 맞게 자유로이 선택하여 취식할 수 있다. 취식법을 일러스트로 보여주고 있는 설명서가 동봉.

샘 아저씨의
구호용 식량.

HDR의 내용물

❶ 설명서
❷ 땅콩버터 & 딸기잼
❸ 건포도
❹ 크래커
❺ 완두콩 & 파스타
❻ 스낵 브레드
❼ 콩 샐러드
❽ 액세서리 포켓

ACCESSORY POCKET
액세서리 포켓

HDR에 부속된 액세서리는 자루가 긴 스푼과 설탕, 소금, 고춧가루 등의 조미료, 여기에 성냥과 종이 냅킨의 6가지 아이템으로 구성되어 있다. 미군의 전투식량 등과 비교하면 상당히 간소한 편으로, 음료 종류는 일절 들어 있지 않다.

MAIN VEGETARIAN MEALS
레토르트 식 메인 메뉴

미국의 국기를 이미지한 디자인의 HDR의 레토르트 파우치용 포장지. 미합중국을 뜻하는 'USA'가 인쇄되어 있다. MRE와 달리 HDR에는 가열제가 포함되어 있지 않으므로, 취식 전에 끓는 물 등에 넣어 가열해줄 필요가 있다.

BEAN SALAD
콩 샐러드

"샐러드 빈즈"라고 하면 좀 생소하게 느끼는 사람도 있으리라 생각되는데, 이것은 수 종류의 콩과 야채를 함께 조리한 것이다. 다만 식초 냄새가 좀 강한 탓에 먹기 전부터 식욕을 떨어뜨리는 것은 조금 문제인 듯.

PEAS AND PASTA
완두콩 & 파스타

종교적 계율에 저촉되지 않도록 만들어진 메뉴답게 조리에 콩기름을 사용하는 등, 동물성 식재료는 일절 사용되지 않았다. 이 메뉴는 완두콩과 스파게티를 토마토소스로 익힌 것인데, 콩은 약간 단단한 편이다.

액세서리 포켓

각종 식품과 별개로 들어 있는 작은 봉투,
그것이 바로 액세서리 포켓이다
내용물은 각 국가별로 다르지만,
뭔가 득을 본 기분이라 살짝 기뻐지기도…

MRE용 액세서리 패킷
ACC Pkt for MRE

MCI용 액세서리 포켓
ACC Pkt for MCI

레이션 속의 보너스
Have a Good Meal!

세계 각국의 전투식량에는 식품 이외에도 다양한 아이템들이 부속되어 있다. 이 아이템들은 식품들과 함께 상자 또는 봉지 안에 들어 있는 경우가 많으며, 그 중에는 조미료나 각종 음료 등이 따로 들어 있는 것도 존재하는데, 이러한 것들이 바로 흔히 말하는 "액세서리 포켓"이다. 이 분야에서 선구자는 역시 미군인데, 액세서리 포켓이 처음으로 들어간 것은 제2차 세계대전 말기에 나온 C-레이션이며, 이후에 등장한 RCI, MCI, 그리고 MRE 등의 전투식량으로 이어져 내려오고 있다.

초기의 액세서리 포켓은 담배, 성냥, 껌, 정수제, 화장실 휴지, 캔 따개로 구성되었으나, 이후 여러 가지 아이템들이 추가되면서 현재의 스타일로 진화. 담배의 경우 건강이나 사회적 인식의 변화에 따라 1972년에는 목록에서 제외되었다. 현재 미군에서 사용 중인 액세서리 포켓에는 여러 종류가 있는데, 이 가운데 MRE에는 A부터 E까지 5종이 존재※하며, 껌이나 성냥 등 4종의 공통 아이템 외에는 각각 음료나 조미료 등의 조합에서 미묘한 차이를 두고 있다. (자세한 내역은 좌측 표를 참조)

MRE 액세서리 포켓의 내용물

	A	B	C	D	E			A	B	C	D	E
❶ 인스턴트커피	○	○					❾ 레드 페퍼		○			
❷ 레몬 티			○	○			❿ 시즈닝 포켓					○
❸ 애플 사이다				○			⓫ 성냥	○	○	○	○	○
❹ 티백					○		⓬ 화장실 휴지	○	○	○	○	○
❺ 커피프림	○	○			○		⓭ 물티슈	○	○	○	○	○
❻ 설탕	○	○			○		⓮ 캔디※	○				
❼ 소금	○	○	○	○			⓯ 타바스코	○			○	
❽ 츄잉 껌	○	○	○	○	○		※투시 롤(Tootsie Roll) 또는 바닐라 캐러멜					

위 표는 2003년 판 MRE 액세서리 팩의 내역을 나타낸 것. 5종의 액세서리 포켓은 들어 있는 내용물이 각기 다르며, 이 가운데 가장 내용물이 호사스러운(?) 것은 포켓 B이다. 동봉되는 포켓의 종류는 각 메뉴별로 정해져 있다.

※역주 : 2005년부터는 A, B, C의 3종으로 간소화되면서 일부 아이템이 제외되었다.

전투식량 속의 단골 아이템

「역시 이건 빼놓을 수 없겠는걸?」

식문화의 국경이 점차 사라지고 있다고 해도 여전히 굳게 남아 있는 각국의 식습관.
그럼에도 우리는 세계의 전투식량 속에서 공통적인 품목들을 발견할 수 있다.
지역과 문화의 벽을 넘어 세계 각국으로 퍼진 다양한 식품들이
전투식량이라는 분야에서도 「필수 요소」를 구성하고 있다.

전투식량
속의 단골
아이템

COFFEE

커피

아침에 일어나서 한 잔, 식후에 한 잔, 빠질 수 없는 존재.
오늘날 일상 생활의 필수품이 되어버린 커피의 보급에는
병영식과 전투식량 속의 커피 또한 큰 몫을 하고 있었다.

1944년 프랑스 전선에서 적십자 직원이 타 준 커피를 받고 있는 미군 장병.

식의 풍미를 살리고, 장병들의 사기를 고양시키는 음료, 그것이 바로 커피다. 현재는 인스턴트커피가 각국의 전투식량 속에 동봉되어 있지만, 커피가 전투식량의 품목으로 추가된 시기는 의외로 늦은 편이다. 미군에서 커피가 지급 품목으로 추가된 것은 1832년의 일이다. 이는 군에서 알코올 중독 문제를 해결하기 위해 도입한 것으로, 술(럼)을 대체할 음료로 지급되기 시작한 것이 그 계기였다. 전쟁 기간 중에는 물자 부족 등의 이유로 대용 커피가 사용되기도 했다.

THE AGE OF COFFEE BEANS

커피콩의 시대

인스턴트커피 등장 이전까지, 커피는 커피콩(원두) 형태로 지급되었다. 때문에 커피를 마시기 위해서는 직접 콩을 볶아야 했고, 장병들이 서툰 솜씨로 탄 커피의 맛은 썩 좋지 못했다. 볶은 커피콩이 지급되기 시작한 것은 미국 남북전쟁 말기의 일로, 1864년에 아버쿨(Arbuckle) 사에서 왁스를 먹인 종이봉투에 볶은 커피콩 1파운드(453g)를 포장하여 판매하였다.

커피 그라인더가 달린 소총

Sharp's Coffe mill

남북전쟁 중에는 개머리판에 커피 그라인더가 달린 소총이 생산되기도 했다. 사진은 총기 메이커인 샤프사의 제품으로, 생산된 수는 극히 적다. 그라인더의 손잡이는 탈착 가능.

미군 커피콩 보관용기

U.S. army
Condiment Can

미 육군이 제1차 세계대전 중에 사용했던 보관용기. 양 측면에 뚜껑이 달린 63×63×130mm 크기의 금속제 사각 캔으로, 3일 분의 커피와 설탕이 수납되었으며, 뚜껑이 달린 반대편에는 소금이 담겨 있었다.

070

인스턴트커피의 등장

인스턴트커피가 처음으로
제품화된 것은 1910년으로,
제1차 세계대전부터 전투식
량의 일부로 사용되기 시작
했다(P17 참조). 하지만 당
시에는 한정된 생산량으로
소비량은 적은 편이었다. 본
격적인 보급은 제2차 세계
대전 중의 일이었으나, 세
계 각국에서 이를 도입한 것
은 결국 전쟁이 끝난 뒤부터
였다. 처음에는 분말이 주류
였으나, 현재는 과립 형태를
사용하는 곳이 대부분이다.

미군
U.S. Armed Forces

러시아군
Russian Space Troops

프랑스군
French Army

스위스군
Swiss Army

NESCAFE

영국군
British Army

커피 프림

현재는 커피와 함께 전투식
량의 필수 요소인 분말 커피
프림이 처음으로 발명된 것
은 1950년대 초반이다. 전
투식량 등에 동봉되기 시작
한 것은 1960년대부터였다.
세계 각국의 전투식량에 동
봉되는 프림 가운데 특이한
경우는 오스트레일리아군과
뉴질랜드군이 도입한 튜브
형 가당연유이다. 이 가당연
유는 단맛의 조절 이외에도
뜨거운 물에 타서 마실 수
있으며, 휴대도 편리하다.

프랑스군
French Army

오스트레일리아군
Australlian Army

미군
U.S. Armed Forces

071

TEA (BAG&INSTANT)

홍차(티백 & 인스턴트)

02

전투식량
속의 단골
아이템

전투식량의 내용물로 널리 사용되고 있는 홍차.
16세기에 유럽으로 전래된 홍차의 본고장은 영국이지만,
티백이나 아이스티는 미국의 발명이다.

T E A   B A G

영국군 장병들에게
있어 매일의 홍차는
사기 진작을 위한
필수품이었다.

커피와 함께 단골 아이템으로 자리를 잡은 홍차이지만, 원래는 영국군을 상징하는 음료였다. 실제로도 홍차가 영국군 장병의 사기에 미치는 영향은 막대했으며, 제2차 세계대전 당시, 영국 정부는 부족 사태를 우려하여, 1942년부터 세계 각지에서 무려 3000만 톤(컵으로 15조 잔 분량)의 홍차를 사들이기도 했다. 현재 영국에서의 소비량은 조금씩 감소 추세(티백의 매출은 16% 감소)를 보이고 있으나, 세계 각국의 군대에서 전투식량의 내용물 중 하나로 채용하고 있다.

티백

영국군용 머그잔
British enamel mug

영국군에 있어, 머그잔은 장병들의 필수품이다. 법랑 코팅이 되어 있는 이 잔의 용량은 약 1파인트(473cc). 사진은 1952년도에 생산된 것이며, 제2차 세계대전 초기의 것은 흰색이었다.

뉴질랜드군
New Zealand Army

일반적으로 홍차하면 티백을 먼저 떠올리게 되지만, 전투식량 속에서는 오히려 소수파에 속한다. 이 책에서 등장하는 것으로는 오스트리아와 뉴질랜드, 스위스군의 것 정도. 이전에는 미군의 MRE에도 홍차 티백이 들어 있었으나, 현재는 아이스티 분말(다음 페이지 상단)으로 바뀐 상태이다.

스위스군
Swiss Army

인스턴트홍차

현재 전투식량 속 홍차의 주류는 분말 인스턴트홍차. 원래 홍차의 소비량이 적었던 미국이었으나, 지금은 각종 전투식량의 부식으로 아이스 티가 포함될 정도이다. 홍차의 본고장이라고 하면 역시 영국이겠지만, 전투식량용으로 사용되는 것이 티백이 아니라 인스턴트인 것은 살짝 의외일지도? 포장에는 "화이트 티"라고 적혀 있는데, 밀크티를 의미한다.

미군
U.S. Armed Forces

스위스군
Swiss Army

영국군
British Army

프랑스군
French Army

조금 독특한 러시안 티

러시아 우주군의 전투식량에는 분말 홍차가 들어 있는데, 설탕이 첨가된 것이 좀 독특하다. 봉투 안에는 굵은 설탕이 들어 있으며, 얼핏 보기엔 설탕이 거의 절반을 차지하는 것 같지만, 실제로는 그렇게까지 달지 않다고 한다. 다만, 처음부터 단맛이 있는 탓에, 같이 부속된 잼(본격적으로는 "바례니에(варенье)")과 함께 러시안 티를 즐기기는 조금 곤란하다고.

러시아군
Russian Space Troops

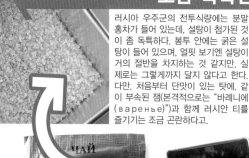

CHOCOLATE
초콜릿

전투식량
속의 단골
아이템

19세기부터 음료에서 식품으로 모습을 바꾼 초콜릿.
고열량의 영양식품은 전장에서의 이상적인 영양보급 수단으로,
전투식량 속의 단골 아이템으로 널리 자리 잡게 되었다.

He Comes FIRST!

CHOCOLATE and COCOA
Fight with Our Forces Around the World

Chocolate is a FIGHTING FOOD!

BACK THE ATTACK ... BUY U. S. WAR BONDS AND STAMPS

먹 기 편한 고열량 식품인 초콜릿은 그야말로 이상적 전투식량으로, 세계 각국에서 채용하고 있다. 이 중에는 고온에도 잘 녹지 않거나, 보다 영양가를 높이기 위해 농축한 것들도 존재하지만, 이러한 초콜릿은 지나치게 딱딱하여 불평의 대상이 되기 일쑤였다. 때문에 전투식량 속 초콜릿들의 태반은 시판 제품을 그대로 유용한 것이 대부분인데, 이러한 제품들은 쉽게 녹거나, 보관 상태가 좋지 않을 경우 변질되는 문제를 안고 있었다.

초콜릿이 군에 우선적으로 공급되고 있음을 전하고 있는 제2차 세계대전 중의 광고.

EMERGENCY CHOCOLATE RATION

비상식으로 사용된 초콜릿 ➤

U. S. ARMY FIELD RATION D
To be eaten slowly; in about a half hour. Can be dissolved by crumbling into a cup of boiling water, if desired as a beverage.
INGREDIENTS: Chocolate, Sugar, Oat Flour, Milk, Vanilla, B1 (Thiamin).
4 OUNCES NET — 448 CALORIES
Manufactured July 1944 by
Cook Chocolate Company, Chicago, Ill.

RATION D

D-레이션
미군
D-Ration
U.S. Armed Forces

124g의 농축 초콜릿인 D-레이션은 제2차 세계대전 당시 미 육군의 전투식량으로, 긴급 상황에서의 열량 보급을 목적으로 하며, 열대 지방에서도 잘 녹지 않도록 가공된 것이 특징이다. 포장에는 「30분에 걸쳐 천천히 취식할 것」이라 적혀 있었는데, 뜨거운 물에 녹여 마실 수도 있었다. 원래는 긴급용이었으나, 실제로는 일상식으로 지급되는 경우가 많았으며, 장병들 사이에선 그 맛 때문에 「히틀러의 비밀병기」라 불리며 야유를 듣기도 했다고 한다. 때문에 1944년부터는 조달이 중단되었고, 이듬해부터는 한정 채용에 그치게 되었다.

각국 전투식량의 초콜릿

미군
U.S. Armed Forces

제2차 세계대전 중에 사용된 열대용 초콜릿. 「열대용(Tropical)」이라 적혀 있는데, 이는 그냥 잘 녹지 않는다는 의미로, 매우 단단하며, 모든 전선에서 널리 사용되었다. 장병들 사이에선 "허쉬 바"라 불렸다.

오스트레일리아군
Australian Army

전투식량용 초콜릿치고는 좀 특이한 오스트레일리아군의 "초콜릿 레이션". 맛 하나만큼은 자신이 초콜릿임을 확실히 주장하고 있다. 포장에 「오스트레일리아 방위군」이라 적혀 있는데, 아마 순수한 군용 초콜릿으로 보인다.

스위스군
Swiss Army

국기의 배색을 그대로 적용한 디자인의 패키지가 특징인 스위스군 전투식량용 초콜릿. 독일·프랑스·이탈리아의 3개 국어로 표기된 제품명은 「군용 초콜릿」이며, 이 역시 시판품은 아닌 것으로 보인다.

영국군
British Army

영국군의 초콜릿도 민수품을 그대로 전용. 메이커는 던컨 오브 스코틀랜드 사로, 24 HOUR RATION의 내용물 중에는 이 회사의 제품이 수종류 존재한다. 사진은 가장 일반적인 밀크 초콜릿.

전시에는 초콜릿도 민간인과의 교류에 큰 도움이 되었다.

뉴질랜드군
New Zealand Army

시판품을 그대로 유용한 뉴질랜드군의 초콜릿. 고급스러운 패키지이지만, 고온에 약하다는 단점 또한 그대로이다. 제조업체인 휘태커사는 1896년부터 영업을 시작한 역사와 전통의 메이커.

미군
U.S. Armed Forces

「입에선 녹지만 손에선 녹지 않아」라는 광고 문구로 익숙한 M&M's 초콜릿. 가장 이상적인 휴대식으로, 미군 외에 오스트레일리아군에서도 사용 중. 참고로 이런 타입의 원조는 영국에서 1937년에 발매된 "스마티즈(Smarties)"라고 한다.

075

CONFECTIONS
각종 과자류

전투식량
속의 단골
아이템

피로회복에는 역시 단 것이 최고!
때문에 전투식량 속에는 각종 과자류가 동봉되었는데,
장병들에게도 익숙한 민수품들이 주류를 이뤘다.

초 콜릿과 함께 장병들의 열량 보급과 피로 회복에 사용되는 각종 과자류. 전투식량에 포함된 과자들은 초콜릿과 마찬가지로 시판 민수품을 유용한 것이 태반인데, 이는 장병들에게 주는 일종의 심리적 안정감을 중시한 결과이다.

장병들은 군이 개발한 '정체 불명의 물체'보다 평소 즐겨 먹던 과자를 더 선호하기 때문이다. 이 때문에 우리는 각 국의 전투식량에 동봉된 과자들을 통해 해당 국가에서 가장 유명한 브랜드(개중에는 무려 100년 이상의 역사를 지닌 것도 존재)를 알 수 있다.

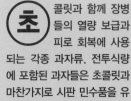

피로 회복과 영양 보급에 도움이 되는 각종 과자류는 필수적인 존재이다.

CHEWING GUM
츄잉 껌

미군
U.S. Armed Forces

1960~70년대의 전투식량인 MCI(P21 참조)에 부속된 슈거 코팅 껌. 상자 하나에 두 개씩 들어있는데, 현재는 비닐 포장으로 변경되었다.

제2차 세계대전 중에 사용된 K-레이션(P19 참조)에 들어 있던 껌. 이 껌의 메이커인 리글리 사는 군용 껌 납품 이외에도 전투식량의 포장 하청을 담당하기도 했다.

오스트레일리아군
Australian Army

오스트레일리아군의 전투식량에는 껌 네 개가 들어있다. 일단 개봉하면 보관하기가 좀 난감한데, 그렇다고 한꺼번에 다 털어 넣고 씹는 것 역시 좀….

캐나다군
Canadian Army

수입 과자점에서도 종종 볼 수 있는 트라이든트 껌. 캐나다의 공용어가 영어와 프랑스어인 관계로, 포장도 2개 국어로 표기가 되어 있는데, 이것은 다른 내용물들도 마찬가지이다.

프랑스군
French Army

세련된 스타일과 맛의 프랑
스군 캐러멜. 딱딱해 보이지
만 입 안에 넣으면 부드럽게
녹는다. 사이즈는 22×23×
13mm이며, 일본이나 한국의
캐러멜보다 약간 큰 편이다.

미군
U.S. Armed Forces

MRE를 시작으로 각종 전투식량 속에도
들어 있는 투시 롤. 1896년에 발매된 소
프트 타입의 캔디로, 미국인들의 향수를
자극하는 제품이다.

캔디 & 캐러멜

영국군
British Army

24 HOUR RATION에 부속된 캔디. 품목
표시는 "보일드 스위츠(boiled sweets)"
라는, 다소 생소한 이름이지만, 내용물은
평범한 하드 캔디. 제2차 세계대전 이래,
계속 사용되고 있는 단골 아이템이다.

시리얼 & 프루츠 바

뮤즐리 바
오스트레일리아군
Muesli Bar
Australian Army

뮤즐리는 원래 스위스 전통
시리얼의 일종으로, 뮤즐리
바는 이것을 시럽 등으로 뭉
쳐 굳힌 것이다. 하지만 겉보
기만큼 단단하지는 않은 편.

프루츠 바
미군
Fruit Bar
U.S.Armed Forces

미군 전투식량에선 좀 부족한 프루츠 바.
'프루츠 바'라고 부르긴 하지만, 실제론
과일 잼이 들어간 쿠키에 가깝다. 블루베
리 외에 무화과 등이 사용되기도 한다.

프루츠 바
프랑스군
Fruit Bar
French Army

프랑스군의 프루츠 바는 미
군 스타일의 '잼이 들어간
쿠키'보다 그 이름 그대로의
이미지에 훨씬 가까운 누가
바 타입. 참고로 사진의 「부
르고뉴 공작부인」은 원료로
사과를 사용하고 있다.

077

BREAD&SPREAD
빵 & 스프레드

05

전투식량
속의 단골
아이템

장병들의 식사에서 큰 비중을 차지하는 빵.
보존성 문제로 대개 비스킷 또는 크래커 등이 사용되어왔으나,
기술의 발전에 힘입어, 장기보존이 가능한 빵도 등장했다.

동 아시아권의 쌀밥에 상응하는 서양의 식품은 빵이다. 서양 각국의 군에서는 장병들에게 빵을 지급하기 위해 많은 노력을 기울여왔으나, 전황, 보급 사정, 빵의 변질 등의 문제로, 원활한 보급은 사실상 불가능했다. 때문에 이를 대신했던 것이 바로 비스킷과 크래커였는데, 그 기원은 고대 로마군까지 거슬러 올라간다. 하지만 미군은 빵 배식에 고집스러울 만큼 집착한 결과, 오랜 연구 끝에 보존기간 3년을 자랑하는 장기보존 빵을 완성. 야전 전투식량용으로 사용하고 있다.

남베트남의 미군 기지에서 부대에
지급할 빵을 포장하고 있는 장병들.

S H E L F   S T A B L E   B R E A D

장기보존 빵

미군
U.S. Armed Forces

장기보존 빵은 미군에서 야전
전투식량용으로 개발한 것이
며, 보존기간은 무려 3년(!)이
다. 오른쪽 옆에 보이는 작은
봉지는 농축 탈산소제로, 빵
의 변질을 막기 위한 것.

캐나다군
Canadian Army

캐나다군의 IMP에 부속된 「프
티 빵」(1인용 소형 빵). 식감이
나 맛은 그럭저럭 나쁘지 않
지만, 보존성을 고려하여 수
분함량을 크게 줄인 탓에 다
소 퍼석한 느낌이다. 취식할
때에는 음료수가 필수!

PETIT PAIN / BREAD

DO NOT EAT
DESICCANT PACKET

NE PAS MANGER LE
SACHET DESHYDRATANT

POIDS NET 57 g NET WEIGHT

크래커

미군
U.S. Armed Forces

미군 MRE에 부속된 크래커 (사진의 것은 80년대 후반의 것). 현재 사용 중인 제품은 일반 크래커와 베지터블 크래커의 두 종류가 존재. 한 봉투에 두 장씩 들어 있다.

프랑스군
French Army

프랑스군의 비스킷(비스큐이, biscuit), '두 번 구운 빵'이라는 의미로, 그 기원은 고대 로마군에서 사용한 장기보존용 군용식이였다.

영국군
British Army

24 HOUR RATION에 부속된 오트밀 블록. 생소한 명칭이지만, 오트밀이란 귀리를 이용해 만든 죽을 의미하므로, 말하자면 귀리를 이용한 비스킷(쿠키)인 셈이다.

각종 스프레드

스프레드의 대표 격이라면 역시 잼(젤리). 잼의 재료 자체는 각 국가별로 그렇게까지 큰 차이가 없지만, 미군의 것보다는 대체적으로 유럽 국가의 것이 좀 더 미각적으로 우수한 편이다. 아래 사진은 미군의 포도 젤리.

잼(젤리) 류
미군
Jam(Jelly)
U.S. Armed Forces

유럽의 전투식량에서 흔히 보이는 것이 바로 비스킷 등에 발라 먹는 육류 페이스트. 보통은 돼지고기가 사용되지만, 아래의 프랑스군 페이스트는 참치를 사용했다. 왠지 좀 비릿하게 보이는 느낌.

파테 류
프랑스군
Pâté
French Army

079

SEASONINGS

각종 조미료

전투식량
속의 단골
아이템

요리의 맛을 잡아주고, 풍미를 한층 살려주는 조미료.
전투식량의 내용물로 필수적인 존재이지만,
때에 따라서는 본래의 용도와는 다른 방식으로 사용되기도….

전투식량의 맛에 대한 평가는 매우 다양한데, 이는 모든 사람이 납득할 수 있는 맛이란 존재할 수 없기 때문이다. 이 때문에 전투식량에는 각종 조미료가 부속된다. 그 내용을 살펴보면 소금과 설탕, 후추가 가장 일반적이지만, 미군의 경우에는 타바스코로 대표되는 핫소스가 지급되기도 했다. 이 핫소스는 전투식량의 맛에 질려버린 장병들의 든든한 아군(?)으로, 요리에 대량의 핫소스를 뿌려 미각을 마비시킨 뒤, 단번에 집어삼키는 다소 우악스런 식사법에 종종 활용된다고 한다.

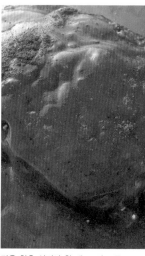

맛을 한층 살려야 할 때, 그리고 종종 맛을 얼버무려야 할 때, 조미료는 든든한 아군이다. 사진은 미트로프 위에 뿌려진 고춧가루.

T A B A S C O

핫소스(타바스코)

미군
U.S. Armed Forces

미군 전투식량용 타바스코는 3.7㎖ 용량의 미니 보틀로, 각종 전투식량 등에 부속된다. 이 미니 보틀은 매킬러니사에서 판촉용으로 배포한 것이 그 기원이라고 하는데, 소스를 병에 담는 작업은 별개의 회사가 담당하고 있다.

1/8 OZ.
"TABASCO"
BRAND
PEPPER SAUCE
PACKED FOR
MRE BY
TRANS-PACKERS
SERVICES CORP.
BKLYN, NY 11222

오스트레일리아군
Australian Army

오스트레일리아군 전투식량의 타바스코는 비닐 팩에 포장되어 있으며, 내용량은 3㎖로 다소 적은 편. 또한 오스트레일리아군 전투식량에는 스위트 칠리소스도 동봉되어 있다.

시판 미니 보틀
Commercial Miniature bottle

타바스코 미니 보틀은 민간용으로도 판매되고 있다. 라벨 이외에는 군용과 거의 같으나, 잘 살펴보면 세부적으로 조금씩 차이가 있다. 여섯 병이 한 세트로 판매 중인데, 일반 사이즈보다 가격이 비싼 편이다.

향신료와 소금

소금, 설탕, 후추 등의 각종 조미료는 전투식량은 물론, 군 식당의 테이블에도 상비되어 있다.

미군
U.S.Armed Forces

프랑스군
French Army

오스트레일리아군
Australian Army

조미료의 대표라고 하면 역시 후추와 고춧가루를 비롯한 향신료와 소금. 향신료 중에선 후추가 가장 일반적이다. 소금은 모든 전투식량에 부속되지만, 특이하게도 미군에서는 요오드(아이오딘)가 함유된 소금을 사용한다. 이것은 FDA(미 식약청)의 규정에 따른 것으로, 요오드가 갑상선 호르몬을 합성하는 데 있어 꼭 필요한 원소이기 때문이다.

설탕

러시아군
Russian Space Troops

주로 음료용으로 쓰이는 설탕의 용량은 국가별로 조금씩 차이가 있다. 미군은 약 4g 정도이며, 가장 양이 많은 러시아의 경우, 15g이 들어 있다. 또한 일반적으로 그래뉼러당을 사용하지만, 러시아군은 굵은 설탕을 사용하고 있다.

전투식량 속에는 각설탕도 들어간다. 여기서 소개하는 것은 종이 상자에 포장된 스위스와 프랑스의 각설탕으로, 민수품을 유용한 것으로 보이며, 스위스군 각설탕의 포장에는 각 도시의 문장, 프랑스군의 것에는 이솝우화의 장면이 그려져 있다(이외에도 프랑스 위인이나 자동차 시리즈가 존재).

스위스군
Swiss Army

미군
U.S. Armed Forces

프랑스군
French Army

CIGARETTES
담배

아메리카 대륙의 선주민들에 그 기원을 두고 있는 기호품.
한때는 장병들, 그리고 사나이의 심볼로 인식되고 있었으나,
금연운동이 병영까지 확산되어, 전투식량에서도 자취를 감추었다.

장병들에게 있어 담배는 최고의 위문품이었다. 좌측 사진은 제2차 세계대전 당시의 잡지 광고.

현재는 전투식량의 내용물에서 제외되었으나, 담배는 장병들에게 그 무엇과도 바꿀 수 없는 존재였다. 전투 스트레스의 해소 이외에, 일종의 대용「화폐」로서의 역할을 지니고 있었기 때문이다. 담배는 전장에서 입수하기 어려운 아이템이었기에, 전투식량 속의 담배는 종종 식료품 이상으로 귀중한 존재였다. 하지만 건강에 미치는 악영향이 지적되면서 보급품으로서의 담배는 급격히 설 자리를 잃게 되었고, 미군의 경우 1972년에 담배를 퇴출시켰다.

COMMERCIAL & MILITARY CIGARETTES
민수 시판 및 군용 담배

미군
(럭키 스트라이크)
U.S. Armed Forces
LUCKY STRIKE

미국을 대표하는 담배 중 하나인 럭키 스트라이크. 1916년에 발매된 초기 패키지는 녹색이었으나, 이후 1942년에 흰색으로 변경되었다. 녹색 잉크에 필요한 크롬과 구리가 부족했던 것이 이유였지만, "Lucky Strike Green has gone to war(럭키 스트라이크의 녹색은 전쟁을 위해 떠났습니다)"라는 애국심에 호소하는 선전 문구를 채택, 매상이 증진되기도 했다.

구 일본군
Imperial Japanese Army

구 일본군에서도 담배가 배급되었으나, 그 양은 충분치 못했다. 당시의 다른 국가와 마찬가지로 주보(酒保, 부대 내 매점)에서 구입할 수 있었는데, 아래 사진의 20개비 들이「譽(호마레)」는 태평양 전쟁 직전의 시점에서 7전이었으며, 이는 시중 가격의 절반 이하였다. 참고로 담배는 비흡연자에게도 지급되었기에, 군에 입대하고 나서 담배를 배우게 된 사람도 많았다고 한다.

旭光(교쿠코)
KYOKUKO

譽(호마레)
HOMARE

WWⅡ 독일군
WWⅡ German Armed Forces

제2차 세계대전 당시의 독일군에서는 장병 1인당 7개비의 궐련과 2개비의 엽궐련을 지급했는데, 당시의 장병들은 담배를 「(폐)암 제조봉」 또는 「기다란 어뢰」 등의 속칭으로 부르곤 했다. 사진은 궐련(왼쪽)과 담배를 말아 피우는데 쓰는 종이가 담긴 팩이며, 엽궐련은 군장 수집가들을 위해 복각된 긴급용 전투식량(P128 참조)의 내용물 중 하나.

전투식량에 동봉된 담배

WWⅡ 미군
WWⅡ U.S. Armed Forces

담배가 전투식량에 동봉된 것은 제2차 세계대전 중의 일로, 미군에서는 전투식량용으로 수 개비의 담배가 든 팩을 특별히 제작했으며, 각 전투식량 별로, 담배 동봉 숫자의 베리에이션이 존재했다. 사진의 것은 K-레이션에 동봉되어 있던 4개비 들이 팩과 베트남 전쟁 중에 사용된 MCI에 동봉되어 있던 4개비 들이 팩(오른쪽 끝). 참고로 전투식량에 담배를 동봉하던 것은 1972년부터 중단되었다.

베트남 전쟁
Vietnam War

전시생산 라이터
Wartime Lighter

세계대전 중, 미국에서는 전략물자 통제가 실시되었는데, 이 때문에 공신품의 새질 변경이 종종 있었다. 파크사에서 제작한 라이터(사진)도 그러한 예로, 몸통 부분은 원래의 황동이 아닌 철로 제작되었으며, 표면 처리도 도금 처리대신 일명 "크래클(crackle)"이라 불리는 처리방식으로 변경되었다.

장병들과 라이터

화승식 라이터
Flameless Lighter

한 눈에 봐도 전시 생산품이라는 것을 확실히 알 수 있는 무염(flameless) 라이터. 불꽃이 적의 눈에 띄지 않도록 본체 윗부분의 부싯돌로 심지에 불을 붙인 뒤, 그 불씨를 담배에 옮겨 붙이는 방식이다. 1943년에 미 육군이 군 매점용으로 100만개를 구입했다.

지포 라이터
Zippo

라이터의 대명사라고도 할 수 있는 존재인 지포. 1933년부터 생산을 시작, 수많은 베리에이션이 존재하는 것으로도 유명하다. 오른쪽 사진의 육군 공병대 문장이 새겨진 지포 라이터는 1952~53년 사이에 생산된 것으로, 몸통 부분이 황동 대신 철로 제작되었다.

금기 음식과 채식주의자 메뉴

개개인의 신앙과 사상, 그리고 종교적 계율은
식사에 여러 가지 제한을 두기도 한다.
그리고 이러한 경우에 대처하기 위해,
군에서는 종교 계율에 따른 식료품을 채용한다.

MENU NO. 12
BEAN & RICE
BURRITO

Vegetarian

신앙과 전투식량
Strict Religious Diet

MRE에 부속된 빈 & 라이스 부리토. 채식주의자용 메뉴에 대한 평가는 그저 그렇다는 듯 하다.

현대 사회에는 다양한 식문화와 기호가 존재하는데, 그중 하나로 육류를 섭취하지 않는 "베지터리언(채식주의자)"이라 불리는 집단이 있다. 원래 채식주의자용 식단은 병영식이나 전투식량과 그리 관계가 없다고 생각하기 쉽지만, 미군 전투식량인 MRE의 경우, 24개 메뉴 가운데 4개의 채식주의자용 메뉴가 채용된 상태다. 이러한 조치의 배경에는 채식주의자 인구의 증가를 고려할 수 있겠으나, 채식이 일종의 「건강식」으로 인식되는 점도 크게 작용한 듯하다. 이 외에도 유대교와 이슬람교처럼 식품에 대하여 엄격한 계율이 정해진 종교가 존재하며, 이에 적합한 전투식량이 개발되기도 했는데, 미군의 경우, "Meal, Religious, Kosher/Halal"을 채용, 종교적 계율을 엄수해야 하는 장병들에게 지급하고 있다.

유대교 및 이슬람교 신자들을 위한 "Meal, Religious, Kosher/Halal(코셔 및 할랄 종교식)"은 "코셔", 또는 "할랄"이라 불리는 계율에서 허락한 식재료를 사용한 것으로, 각 종교의 성직자 및 전문가의 승인 라벨이 붙어 있다.

코셔 및 할랄 종교식 메뉴

❶ 비프 스튜
❷ 치킨 & 누들
❸ 치즈 토르텔리니
❹ 플로랑틴 라자냐
❺ 파스타 with 가든 베지터블
❻ 마이 카인드 오브 치킨
❼ 올드 월드 스튜
❽ 치킨 & 블랙 빈즈
❾ 치킨 메데타레니안
❿ 베지터리안 스튜

세계 각국의 휴대용 식기

「형태는 제각각이지만, 용도는 만국공통」

고도로 기능화가 진행된 현대의 전투식량 중에는
패키지 하나로 완성된 제품도 존재한다.
따라서 현재는 그다지 쓰일 일이 없다고는 하지만,
여전히 장병 개개인에게 지급되고 있는 휴대용 식기에는
각국 군대의 특징이 그대로 살아 있다.

개인 휴대용 식기 및 반합

장병들 개인에게 지급되는 각종 장비 중에는 반드시 야전용 휴대 식기가 포함되어 있다. 각국에서 지급하고 있는 야전용 식기는 대개 메스 팬 타입과 반합의 두 종류로 크게 나뉘는데, 쌀밥을 주식으로 삼았던 구 일본 육군을 제외하면 반합이 조리용으로 사용되었던 경우는 드문 편이었으며, 야전 취사차량(P102~103 참조)이나, 후방의 급식 구역(P104~105 참조)에서 음식을 배식 받는 용기로 사용되는 것이 일반적이었다. 야전용 전투식량이 충실하게 갖춰진 현대에 들어와서는 이러한 식기류를 사용할 일이 거의 없어졌으며, 점차 과거의 유물처럼 변하고 있는 중이다.

Meat Can
메스 팬 타입

흔히 미트 캔(Meat Can)이라 불리는 미 육군의 야전용 식기는 19세기 말에 채용된 것이 그 원형(P15 참조)으로, 이후 수차례의 모델 교체가 있었다. 사진의 것은 1932년에 도입된 모델로, 생산연도에 따라 재질에 조금씩 차이가 있었다.

미군
U.S. Armed Forces

MEAT CAN IN USE
야전용 식기를 사용한 예

미군의 미트 캔은 본체 손잡이 위에 뚜껑을 올려 배식을 받는다. 보통 본체에는 메인 메뉴를, 그리고 뚜껑에는 빵과 기타 부식을 올렸으며, 사진의 왼쪽에 보이는 것은 수통 컵이다.

영국군
British Army

영국군은 제1차 세계대전까지는 반합형의 식기(Mess tin)를 사용했으나, 제2차 세계대전 중에는 사각 도시락 모양의 식기를 사용했다. 본체는 알루미늄 판을 프레스 가공한 것으로, 가장자리를 둥글게 마는 처리는 생략되었다. 사진은 2차 대전 이후에 채용된 모델.

반합 타입

독일군
German Army

제2차 세계대전 당시의 독일군 반합은 1931년에 채용된 것으로, 본체와 뚜껑으로 구성되어 있다. 초기 생산품은 알루미늄 제였으나, 전쟁기간 중에는 법랑(에나멜) 코팅을 입힌 철제 반합도 생산되었다. 전후에는 서독군도 동형의 반합을 사용했다.

이탈리아군
Italian Army

흔히 "가멜라(Gamèlla)"라고 불린 이탈리아군의 반합. 제2차 세계대전 당시, 이탈리아군의 식사는 무척 빈약한 것이었으며, 요리의 영양가도 낮은 편이었다. 이탈리아군에서는 전우를 "가멜라타"라고 부르는데, 바로 이 반합에서 유래한 것이라고 한다.

프랑스군
French Army

사각형으로 만들어진 프랑스군의 1935년형 반합(Gamelle M35). 본체는 알루미늄이며, 도색이 안 된 채로 지급되었다. 프랑스군의 야전용 식기는 반합 외에 커틀러리(Cutlery, 스푼과 포크 등의 취식도구)와 접이식 손잡이가 달린 컵으로 구성된다.

ATTACHING THE MESS KIT
휴대 방법

반합은 보통 배낭 위에 결속 또는 수납하는 것이 일반적이었다. 사진은 대전 당시 독일식 휴대법으로, 배낭을 사용하지 않는 스타일. 이 경우에는 잡낭 위에 결속, 휴대한다.

독일군
German Army

일본이나 한국의 식문화를 상징하는 젓가락은 다양한 기능을 지니고 있지만, 포크나 스푼은 그 용도가 한정되어 있어, 반드시 두 가지 도구를 병용해야만 했다. 때문에 야전 장비 속의 커틀러리도 평소 주둔지에서와 거의 동일(티스푼까지는 무리지만…)하게 지급되었다. 하지만 휴대하기가 번거로웠기에, 장병들 중에는 스푼만을 주머니 속에 휴대하고 다니는 이들도 종종 있었다. 현재는 개인용 야전 휴대장비의 목록에서 모습을 감춘 상태로, 전투식량 패키지 속의 1회용 플라스틱 스푼과 포크가 주류를 차지한다.

T R A D I T I O N A L   S T Y L E
전통적 스타일의 미군

미군이 제1차 세계대전 당시 사용했던 야전용 커틀러리. 현재 기준으로 보더라도 상당히 훌륭한 것으로, 나이프는 철판을 잘라 만든 칼날에 알루미늄 손잡이를 장착한 것. 모두 U.S.라는 각인이 찍혀 있다.

M1926

M1926은 미트 캔의 손잡이에 끼울 수 있도록(P104 참조) 손잡이에 구멍을 뚫어놓은 타입. 사진은 1980년대의 제품으로, 나이프 손잡이가 채용 당시의 것과 달리 일체 성형되었다.

M1910

미트 캔 파우치
(야전 식기 수납용 가방)
Meat Can Pouch

M1928
하버 색
M1928
Haver Sack

제2차 세계대전 당시 미 육군 보병의 기본 장비로 사용되었던 M1928 하버 색(잡낭). 모포, 텐트, 여벌의 속옷, 세면도구, C-레이션 1일분(통조림 6개), 야전용 식기 세트를 수납할 수 있도록 되어 있다.

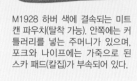

M1928 하버 색에 결속되는 미트 캔 파우치(탈착 가능). 안쪽에는 커틀러리를 넣는 주머니가 있으며, 포크와 나이프에는 가죽으로 된 스카 패드(칼집)가 부속되어 있다.

COMBINATION / FOLDING TYPE

기능성을 중시한 독일군

콤비네이션 식
**Spoon/Fork/
Knife Combination**

제2차 세계대전 당시의 독일군에서는 기본적으로 두 종류의 커틀러리를 사용하고 있었다. 이 가운데 하나는 스푼과 나이프, 포크, 캔 따개를 세트로 만든 콤비네이션 식으로, 휴대할 때에는 이들을 하나로 합칠 수 있었다. 그리고 또 하나는 접이식 스푼/포크였는데, 이것은 제1차 세계대전 당시 사용되었던 것이 원형으로, 원래 철제였지만 2차 대전 당시에 사용된 것은 알루미늄을 사용했다. 콤비네이션 식 커틀러리는 전후 서독에서도 동일 모델이 계속 사용되었다.

접이식
Folding Spoon/Fork

DISPOSAL CUTLERY

플라스틱제 커틀러리

미군
U.S. Armed Forces

현재의 주류를 차지하고 있는 플라스틱 제 1회용 스푼. 이 분야의 선구자는 역시 미군으로, 1950년대부터 사용하기 시작했다. 스푼의 사이즈는 나라마다 각기 다르지만, 미국의 MRE에 동봉된 것(우측 상단)이 가장 사용하기 편리하다.

러시아군
**Russian
Space Troops**

스위스군
Swiss Army

1일분 식료가 한 상자에 들어 있음에도 불구하고 스푼은 달랑 한 자루만 들어 있는 경우도 많은데. 스위스군의 캄프라시온에는 포크와 나이프, 스푼을 묶은 커틀러리가 2세트 들어 있다. 아래 사진처럼 겹쳐서 수납할 수 있다는 것이 특징. 민수품을 유용한 것으로 보인다.

089

전장에서의 조리에 위력을 발휘하는 소형 가솔린 스토브가 개발된 것은 제2차 세계대전 당시의 일로, 군의 요청을 받은 민간 회사에서 소형 경량의 조리용 스토브를 개발·완성했다.(여기에 참여한 메이커 중에는 현재 아웃도어 용품으로 유명한 콜먼(Coleman)사도 포함되어 있

었다.) 이 소형 스토브는 초기에는 산악지대나 한랭지 전용 장비로 사용되었으나, 전쟁 중에는 일반 부대에도 널리 보급 되었다.

여기서 소개하고 있는 것은 미군의 M1942와 M1950 스토브로, 제2차 세계대전 중에는 영국군과 독일군에서도 비슷한 타입의 소형 스토브를 개발, 지급했다.

M1942 스토브의 사용법을 설명한 육군의 매뉴얼 도판. 가압용 펌프는 탈착 가능하며, 예비부품을 담는 컨테이너를 겸하고 있다.

M1942 one-burner gasoline stoves.

수납 상태
Packed for Carrying

M1942 스토브의 가장 큰 특징은 콤팩트함으로, 직경 11cm, 높이 17.7cm의 알루미늄 케이스에 넣어 휴대할 수 있다. 때문에 다리나 포트 암은 케이스에 넣을 수 있도록 접이식으로 설계되었는데, 포트 암의 고정은 버너를 감싸고 있는 링으로 한 번에 이루어지도록 되어 있으나, 약간 사용하기 까다로웠다고 한다.

M1942 스토브
M1942 Stove

M1950 가솔린 스토브는 M1942의 개량 모델로, 포트 암은 단번에 전개하는 것이 아니라, 한 장씩 펼치는 방식으로 변경. 전반적으로 사용의 편의성이 향상되었다.

M1950 스토브
M1950 Stove

공구 및 예비 부품
Tool & Spare Parts

스토브에는 노즐의 예비 부품을 수납하는 컨테이너와 분해용 공구가 장착되는데, 이 공구의 형상과 장착 위치는 M1942와 M1950이 각기 다르다.

2구식 스토브
2-Burner Stove

케이스 이용법
Carrying Case as a
Cooking Outfit

알루미늄 케이스는 조리용 냄비로도 사용 가능. 조리용 스토브를 사용할 때에는, 실내의 경우에는 환기, 그리고 실외에서는 방풍에 신경을 쓸 필요가 있었다.

차량 부대 등에 지급된 그룹용 2구식 M1942 쿠킹 스토브. 콜먼사에서 개발한 제품으로, 휴대 시에는 트렁크 모양의 금속제 케이스에 수납한다.

물은 인간이 살아가는 데 꼭 필요한 존재다. 탈수증은 인간의 정상적 사고력을 앗아가므로, 장병들에게 수통은 정말로 중요한 장비이다. 초기의 수통은 목제였지만, 19세기부터는 금속제가 주류를 차지했다. 수통의 소재는 주로 철이나 알루미늄이었는데, 불 위에서 데울 수 있었으나, 정글과 같은 환경에서 쉽게 부식되어버리는 단점 또한 있었다. 때문에 1960년대부터는 폴리에틸렌으로 만든 수통이 보급되기 시작, 전 세계적으로 널리 사용되고 있다. 용량은 1ℓ가 보편적이나, 용도나 장소에 따라 보다 큰 수통을 채용하기도 했다.

U.S. Metal Water Canteen
미군 금속제 수통

1910년에 채용된 알루미늄 수통. 본체의 뒷부분은 인체의 곡선에 맞춰 완만한 곡선을 그리고 있으며, 이 기본 디자인은 현재 사용되고 있는 폴리에틸렌 수통에도 그대로 이어지고 있다.

M1910 수통 컵
M1910 CANTEEN CUP

수통과 결합하여 휴대하도록 되어 있는 수통 컵. 사진의 컵은 알루미늄 재질이지만, 제2차 세계대전 중에는 스테인리스제가 도입되었으며, 컵의 손잡이 부분도 60년대에 와이어식으로 변경됐다.

M1910 수통
M1910 CANTEEN

M1942 수통
M1942 CANTEEN

재질을 알루미늄에서 스테인리스로 변경한 M1942 수통. 하지만 전시 중에는 뚜껑을 플라스틱으로 바꾼 M1910 수통도 계속 생산되었다. 수통의 용량은 1쿼트(quart, 약 946cc)로 현용 수통과 동일하다.

U.S. Plastic Water Canteen
미군 플라스틱 제 수통

미군에서는 19세기 이래 줄곧 금속제 수통을 사용해왔으나, 1960년 대부터 수통의 재질을 플라스틱 수지의 일종인 폴리에틸렌으로 변경했다. 미군에서 사용하고 있는 플라스틱 수통은 1쿼트 들이와 2쿼트 들이의 두 종류가 존재하는데, 전자가 통상적인 개인장비, 후자는 식수 사정이 열악한 정글이나 사막에서 사용된다. 2쿼트 들이 수통은 본체가 얇은 폴리에틸렌으로 되어 있어 사용하지 않을 때에는 접을 수도 있도록 만들어졌다.

2쿼트 들이 수통
Collapsible Canteen (2quart)

1쿼트 들이 수통
Plastic Canteen (1quart)

서독군
West German Army

동독군
East German Army

German Military Canteen
독일군 수통

서독군은 천으로 된 커버 대신, 전부 금속으로 된 수통을 사용했다. 수통 본체와 컵은 직물로 만들어진 스트랩으로 연결되지만, 천으로 된 수통피를 사용하는 미군에 비해 조금 불편했다.

전체적으로 좀 저렴한 인상의 동독군 수통. 제2차 세계대전 당시의 수통과 비슷하지만 재질은 얇은 폴리에틸렌이다. 수통피에는 '레인 패턴'이라 불리는 「슈트리히타른 (Strichtarn)」 위장무늬가 들어 있다.

WATER PURFICATION TABLETS
안전한 식수의 확보 / 정수제

야외활동 중에는 수원지나 하천 등에서 식수를 보충해야 하는 경우가 발생하기도 하는데, 미군의 열대장비 매뉴얼에 따르면, 수통으로 식수를 길어야 할 경우에는 물이 흐르는 곳에서 하도록 지시되어 있다.

미군
U.S. Armed Forces

야외에서 조달한 식수는 수질에 문제가 있을 가능성이 높다. 이럴 때 사용되는 것이 바로 정수제인데, 사진은 제2차 세계대전 당시 미군에서 응급처치 키트와 함께 지급했던 것이다.

영국군
British Army

세계 각국의 전투식량 중에도 정수제가 동봉된 것이 존재한다. 보통 1~2알의 정수제를 수통에 넣은 뒤 10~15분 정도 놔두면 음용 가능한 상태가 된다. 다만, 탁한 물을 투명하게 만들어주지는 못한다.

093

재는 레토르트 팩이 주류를 차지하고 있지만, 통조림 또한 여전히 널리 사용되고 있다. 통조림에는 캔 따개가 필요한데, 세계 각국의 군에서는 장병들에게 휴대용 캔 따개를 지급, 편의를 도모하고 있다. 또한, 장병들이 흔히 소지하고 다니는 포켓 나이프 중에는 캔 따개 등을 부착하고 있는 제품이 존재하며(그 대표 격이 스위스 아미 나이프), 장병들의 야외 식생활을 서포트한다. 현재는 손잡이를 당겨 개봉하는 이지 오픈 방식의 통조림도 많이 사용되고 있으나, 충격에 약하다는 단점 때문에 캔 따개가 장병들의 휴대 장비 목록에서 사라질 일은 당분간 없을 것으로 보인다.

KEY TYPE
돌려 감기 타입

일명 '키 타입'이라 불리는 돌려 감기 타입의 캔 따개(사진은 미군의 K-레이션에 부속되어 있던 것). 제2차 세계대전 이후 거의 모습을 감췄으나, 미군에서 사용했던 통조림 깡통 방식의 비상식량에는 이런 타입의 캔 따개가 1980년대까지도 계속 사용되었다.

U.S. Pocket Can Opener
미군 P38 캔 따개

P38 캔 따개는 1942년에 육군 보급 급양 연구소(Subsistence Research Laboratory in Chicago)에서 개발되었으며, 정식 명칭은 "US ARMY POCKET CAN OPENER"라고 한다. P38이라는 명칭의 유래는 C-레이션을 개봉하는 데 38번 따개질을 해야 하기 때문이었다는 가설이 유력하다고 한다.

P38 캔 따개는 제2차 세계대전 이후에도 계속 사용되었는데, 베트남 전쟁 중에 사용된 MCI에는 1상자에 4개가 동봉되어 있었다. 많은 수의 장병들이 이 P38 캔 따개를 인식표 줄에 같이 꿰어 휴대했다고 한다.

러시아 우주군
Russian Space Troops

세계 각국의 캔 따개 중에서도 이색적인 존재인 러시아 우주군의 캔 따개. 이것은 깡통의 금속 호일에 구멍을 뚫고, 호일 부분을 끼워 벗겨내는 장비로, 능숙하게 사용하려면 상당한 연습이 필요하다.

일본 자위대 전투양식 Ⅰ형의 비엔나소시지에 부속되어 있는 캔 따개. 깡통 측면에 붙어 있는 모습이 좀 특이한데, 이것은 지휘관들의 요청에 따라 추가된 것이라고 한다. 시판되어 있는 통조림에도 동일한 캔 따개를 부착한 제품이 존재한다.

세계 각국에서 P38 캔 따개와 거의 비슷한 제품들이 사용되고 있는데, 그 중 조금 별난 것이 바로 오스트레일리아군의 캔 따개이다. 스푼을 겸하도록 만들어졌으나, 실용성은 그저 그렇다고.

오스트레일리아군
Australian Army

육상자위대
JSDF

일본의 자위관이라면 반드시 휴대하고 있다는 전투양식 Ⅰ형의 캔 따개. 식량 1상자에 4개가 동봉되어 있다. 미군의 P38 캔 따개와 비슷하게 생겼지만, 자위대 쪽이 약간 더 크고 튼튼한 구조이다.

미군
U.S. Armed Forces

M I L I T A R Y   P O C K E T   K N I V E S

서독군에서 사용한 포켓 나이프. 병따개에 코르크스크루까지 있으나, 어째서인지 캔 따개만은 부속되어 있지 않다. 현용 독일군 전투식량의 통조림은 금속 호일 뚜껑이므로 나이프 한 자루로 대응 가능.

동독군의 포켓 나이프에는 서독군과 반대로 캔 따개가 부속된 대신, 코르크스크루가 빠졌다. 캔 따개의 형상이 조금 독특한데, 1940년대의 미군 포켓 나이프와 비슷한 보습이다.

제2차 세계대전 중에 채용된 이래, 현재도 계속 사용되고 있는 미군의 포켓 나이프. 이 나이프는 서바이벌 키트의 내용물 중 하나로 사용되고 있기도 하다.

서독군
West German Army

동독군
East German Army

전투식량과 우유

동양에선 그다지 선호하지 않지만,
서양식 식사에서는 빼놓을 수 없는 것이 바로 우유.
당연히 전투식량 속에도 포함되지만,
지급을 위해서는 긴 시간이 필요했다.

아침 메뉴의 단골
Milk Needed!

러시아군
분말 우유
Russian Powdered Milk

연유
"City Cow"

야전 전투식량으로는 좀 드문 타입인 러시아 우주군의 우유. 물론 여기 사용된 것은 탈지분유다.

통조림 포장 연유는 1858년, 보든(Borden)사에서 판매를 시작. 남북전쟁 중에 대량으로 사용되면서 일반에 널리 보급. 통조림으로 만들어진 우유는 이후 군에서 계속 사용되었으며, 장병들 사이에선 「통조림 젖소」나 「도회지 젖소」라고 불리기도 했다.

일 본이나 한국의 경우, 소비가 늘지 않아 문제인 우유. 하지만 서양에서는 아침식사나 요리의 필수적인 존재다. 우유는 야전 식료로 지급하기에는 좀 문제가 있어, 기본적으로 주둔지 식당에서 제공하는데, 세계의 군대 중에서도 특히 우유의 지급에 특히 집착한 것은 미군이었다. 1775년의 야전식 메뉴 제정 당시, 우유를 매일 배급하도록 정했지만, 실질적으로 불가능했으며, 독립 이후에도 그 실현은 요원한 일이었다. 본격적인 배급이 시작된 것은 1933년 이후의 일로, 아침 메뉴의 단골로 자리 잡는 데는 오랜 시간이 걸렸다.

제2차 세계대전 중, 미국 본토의 기지에서 아침 식사를 하고 있는 장병들. 이들에게 지급된 우유병은 270cc 들이였다

야전 취사 스타일

「맛없는 밥은 적의 흉탄보다 훨씬 무섭다」

전장에서 장병들에게 제공되는 식사는 야전용 전투식량이 태반을 차지하고 있다.
하지만 장병들도 결국 사람의 자식이다. 늘 똑같은 것만 먹다간 질리게 마련이다.
때문에 이러한 불만 해소를 위해, 군에서는 다양한 조리용 장비를 개발, 지급하고 있다.
물론, 요리의 질과 내용이 장병 개개인의 요리 실력에 달려 있다는 것은 말할 것도 없다.

개인용 간이 스토브
Fuel Tablet Stove & Matches

야전 취사
스타일

계속되는 전투식량 취식으로 지쳐가는 장병들.
이러한 상황을 타개하는 장비가 바로 개인용 간이 스토브다.
최근에는 1회용도 등장했지만, 조금 아까운 느낌도…

총알이 빗발치는 최전선에서는 세 끼를 모두 전투식량으로 때워야 하는 경우도 많다. 하지만 전투식량의 연속된 취식은 사기 저하 요인 중 하나이기에, 여러 개선 노력이 이루어지고 있다. 그 가운데 하나가 바로 고형 연료를 사용하는 간이 스토브의 도입으로, 독일군의 접이식 스토브인 "에스비트 코허(Esbit Kocher)"가 그 대표라 할 수 있다. 또한 최근에는 전투식량 패키지 속에 가열용 간이 스토브가 동봉된 경우도 많은데, 기본적으로 1회용이라서 조금 아깝다는 느낌도 들지만, 고형 연료를 따로 지급하게 되면 그만큼 보급이 번잡해지므로 아예 처음부터 전투식량 패키지 속에 동봉하는 방법을 선택한 것이 아닐까 한다.

미군 수통 컵 스탠드
U.S. Canteen Cup Heating Stand

수통 컵 스탠드는 제2차 세계대전 말기에 도입된 것으로, 컵에 물을 담고 끓이는 외에 전투식량 통조림을 가열하는 데도 사용했다. 휴대할 때에는 스탠드를 수통 컵에 장착하여 수통 케이스에 같이 수납했다.

고형 연료 (2차 대전)
Fuel Tablet (WWⅡ)

사진은 C-레이션 가열용 고형 연료로, 포장지와 함께 셋으로 분리해서 사용하도록 되어 있다.

고형 연료 (베트남 전쟁)
Fuel Tablet (Vietnam War)

베트남전 당시의 고형 연료는 알루미늄 팩에 들어 있었으며, 한 상자에 3개가 수납되었다.

휴대용 간이 스토브
Military Fuel Tablet Stove

프랑스군
French Army

프랑스군의 RCIR에 부속된 간이 스토브는 구멍을 뚫어놓은 금속판(아마도 알루미늄)을 접어서 만드는 방식. 상자 안에는 고형 연료가 6개, 이 외에 성냥과 정수제, 그리고 가열 시에 깡통을 잡을 수 있게 해주는 손잡이(고형 연료 옆에 있는 도구) 등이 수납되어 있다.

러시아 우주군
Russian Space Troops

우주군 전투식량의 간이 스토브는 얇은 철판으로 제작되었다. 페이지 상단의 사진과 같이 접어서 사용하는데, 약간 안정성이 부족한 편. 고형 연료는 4개 부속되었다. 하지만 연소 시에 미량의 유독 가스가 발생하는 것으로 알려져 있으므로 가열 시에는 얼굴을 가까이 하지 않는 것이 좋을 듯.

성냥
Military Matches

미군
U.S. Armed Forces

미군 전투식량에는 종이 성냥이 동봉되어 있는데, 이것이 처음 사용된 것은 제2차 세계대전 중의 일이었다. 사진은 현용품으로, 대전 중의 것과 성냥개비 수나 크기 모두 동일하다. 대전 당시의 성냥에는 말라리아 예방을 위한 주의 안내문이 적혀 있는 것도 있었다.

구 일본 육군
Imperial Japanese Army

현재 세계 각국에서 사용되는 성냥은 길이 5cm 전후의 안전 성냥. 보통 성냥 외에 나뭇개비 중간 부분까지 발화 연소제를 입혀 연소 시간을 늘린 방풍성냥도 사용된다. 당연하겠지만 방수 사양으로 만들어졌다.

오스트레일리아군
Australian Army

영국 육군
British Army

2
야전 취사
스타일

야전 조리용 레인지
U.S. Army Field Range

야전 상황에서 부대에 식사를 공급하는 야전 취사반.
그 든든한 아군이 바로 야전용으로 개발된 야전 취사기다.
콤팩트하면서 강력한 성능을 지닌, 취사병들의 든든한 벗이다.

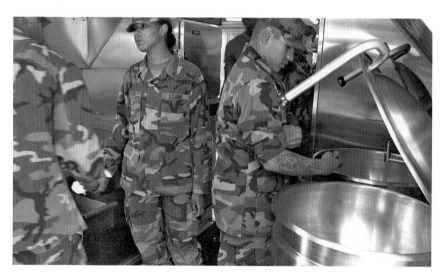

미 육군의 경우, 야전에서의 조리는 중대 단위로 이루어지며, 각 중대별 취사반이 임무를 수행한다. 야전 조리용 장비는 시대에 따라 변화해 왔는데, 특히 획기적인 장비가 바로 M1937 필드 레인지(야전 조리기)였다. 이 조리기는 56×66×109cm 크기의 캐비닛과 연소장치를 결합한 콤팩트한 것으로, 용도는 야전용이었으며, 주둔지 병영에서의 사용은 금지되었다. 보통 1개 중대에 2~3기를 배치하여, 전선의 장병들에게 따끈한 식사를 제공했다. 이 M1937 필드 레인지는 제2차 세계대전부터 베트남 전쟁 기간까지 사용되었으며, 1940~50년대에는 이를 트럭에 탑재하여 기계화를 하려는 시도도 있었다. 야전 취사반을 기계화하려는 노력은 지금도 계속되고 있으며, 현재는 FAST라불리는 시스템이 개발되고 있다.

콤팩트하면서 다용도
Complete Field Kitchen

M1937
야전 조리용 레인지
M1937 Field Range

M1937 레인지는 가솔린을 연료로 사용하는데, 50인분의 식사를 공급할 수 있으며, 굽고 튀기는 등, 5종류의 조리가 가능하다.

야전 취사장을 기계화하다

제2차 세계대전은 기계화 부대를 중심으로 한 기동전이 전개된 전쟁이었는데, 진격하는 부대에 대한 급양이 중대한 문제로 발생했다. 미군은 야전 취사장의 기계화를 시도했으며, M1937 야전용 레인지를 2½톤 트럭에 탑재한 키친 트럭을 운용했다. 키친 트럭에는 M1937 2~3기가 운전석 뒤편 또는 짐칸 좌측에 탑재됐는데, 취사병들이 선 채로 작업할 수 있도록 지붕의 지주를 연장하기도 했다. 하지만 이러한 키친 트럭은 정규 제식 장비는 아니었으며, 각 부대에서 군의 기본 사양을 바탕으로 제각기 개조한 것이었다.

짐칸에 M1937 야전용 레인지가 3기 탑재되어 있다.

키친 트럭으로 사용된 2½톤 트럭.

미군 야전 급양 시스템 FAST

견인식 이동 취사장으로 개발된 FAST

미군에서 개발된 야전 취사 시스템 중 하나인 FAST 푸드 서비스. "FAST"란 「Field-feeding and Advanced Sustainment Technology」의 약자로, 야전에서의 군 급양 시스템과 병참을 지원하며, 여기에 필요한 장비의 중량과 부피를 줄이는 것을 목표로 개발되었다.
FAST의 크기는 7.5×3×3m지만, 차량으로 견인하여 이동할 때에는 2.5×2.5×3m의 크기로 접을 수 있다. 견인에는 다용도 고기동 차량인 "험비"등을 사용하며, 전개에 필요한 시간은, 장병 2명으로 약 1시간 정도가 소요된다. 필드 키친 내부에는 압력솥, 철판구이용 번철(griddle), 냉장고, 발전기 등이 장비되어 있으며, 약 550인분의 식사를 제공할 수 있다.

FAST의 개요를 부여주기 위해 제자된 모형.

「FAST의 내부에 장비된 2기의 압력솥

필드 키친
Field Kitchen

전선까지 진출하여 조리와 배식을 실시하는 필드 키친.
커다란 가마에 바퀴를 단 모습은 조금 우스꽝스러워 보이지만,
전장에서의 조리와 배식은 때로는 목숨을 건 임무였다.

전선의 장병들에게 따끈한 식사를 제공하기 위해 만들어진 장비가 바로 필드 키친이다. 필드 키친은 이동식 야전 취사 장비로, 제1차 세계대전 중에 각 참전국 군대에서 사용하기 시작했다. 필드 키친은 조리용 가마에 바퀴를 부착한 것으로, 그 디자인은 기본적으로 거의 비슷했으며, 이동할 때에는 마차처럼 말(후에는 차량도 사용)이 견인하는 방식을 취했다.

필드 키친은 전선 부근까지 진출하여 장병들에게 따끈한 식사를 공급했는데, 부대가 교대로 취사장까지 이동하거나 취사장에서 전선 부대로 직접 나가는 방식으로 배식이 이루어졌다. 단, 1차 대전 중에는 적의 포격으로 전선까지 진출할 수 없는 경우도 많았고, 때문에 장병들이 식사를 공급받지 못하는 사태도 발생했다.

1910년대 초엽의 미군 필드 키친. 마차에 각종 조리 기구를 싣고 부대와 동행하는 것으로, 마차 자체가 조리용 가마 등을 탑재하지는 않았다.

WWI 영국군
British Army Field Kitchen

1차 대전 당시 영국군에서 사용했던 필드 키친. 일반 트럭의 짐칸에 조리기구와 식재료를 싣는 수납고를 적재하고, 차체 뒷부분에 조리용 가마를 장착했다. 취사도구를 트럭에 탑재하면서 기동성이 향상되었으나, 전장의 진흙 구덩이에 빠져 행동불능에 빠지는 경우도 상당히 많았다.

WWI 미군
U.S. Army Field Kitchen

제1차 세계대전 중에 미군에서 사용했던 필드 키친. 당시의 다른 나라들과 마찬가지로, 조리용 가마에 바퀴를 장착한 스타일로, 이동 시에는 말이 견인했다.

독일의 필드 키친은 말이 끄는 것과 차량으로 견인하는 것의 두 종류가 존재했다. 이 가운데 후자는 고무 타이어를 장비했으며, 기계화 부대에 배치되었다. 아래 사진은 차량 견인용.

WWⅡ 독일군
German Army Field Kitchen

전장에서 독일군 급양 시스템의 주역을 담당했던 것이 "굴라슈카노네(Gulaschkanone, 스튜 대포)"라 불리던 필드 키친이었다. 독일군에서 사용한 필드 키친은 225인분의 식사를 공급할 수 있던 대형(사진 위)과 125인분을 공급하는 소형의 두 종류가 있었으며, 양자 모두 조리용 압력 냄비와 커피를 끓이는 장치가 달려 있었다.

미군 보온 식관
U.S. Insulated Food Container

후방의 취사장에서 조리된 식사를 전선의 부대에 지급하기 위해서는 적절한 용기가 필요했는데, 이때 사용된 것이 바로 각종 보온 용기였다. 본 페이지에서 다루고 있는 것은 미군의 보온 식관인 「인슐레이티드 푸드 컨테이너(절연식 보온 식관)」.

「인슐레이티드 푸드 컨테이너」의 내부에는 "인서트"라고 불리는 용기 3개가 수납되며, 여기에 음식을 담도록 되어 있다(용기 하나의 용량은 약 5.4ℓ). 물론 내부 용기 없이 직접 음식을 담는 것도 가능하다.

보온 식관에 담긴 따끈한 식사를 수령한 미군 장병들(1950년대). 처음에 채용했던 것은 원통형의 것이었으나, 1944년부터는 아래 사진과 같은 타입으로 바뀌었다.

급양 동선 배치
Mess Line

전선의 장병들에게 따끈한 식사를 공급하는 야전 취사장.
여기엔 식사를 원활히 공급하는 급양 동선이 설정돼 있다.
각 설비들은 인원들의 동선에 맞춰 배치되었다.

식기 세척
Sanitation

식기 세척은 식중독 예방을 위한 필수 사항이다. 열탕 소독을 실시할 때에는 식기를 메스 팬 손잡이에 끼워, 끓는 물속에 같이 담근 후에 천 등으로 물기를 제거하지 않고 자연 건조시킨다.

취식 구역
Messing Area

취식 구역은 배식 라인에 근접한 곳에 설정된다. 위 일러스트에서는 땅바닥에 앉아 있지만, 항구적인 야전 급식 시설의 경우에는 테이블과 의자, 그리고 조미료 등이 비치되어 있는 것이 보통이다.

식기 세척용 끓는 물이 담긴 통은 세 개가 준비되었는데, 첫 번째에는 세척용 세제가 들어 있었으며, 나머지 두 개가 헹굼 및 열탕 소독용으로 사용되었다.

MESSING AREA

LINE FOR
CLEANING
MESS KIT

1.
2. CLE
3. CLEAR

VENT PLUG
FUEL TANK STRAP
STOVE PIPE TUBE
HANGER
LIGHTER
THUMBSCREWS
STACK
COMBUSTION CHAMBER
SIDE VIEW

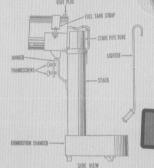

투입식 히터
Immersion Type Heater

이 투입식 히터는 90ℓ 또는 120ℓ 들이 양철통에 장착하여 물을 끓이는 데 사용되는 장비로, 중대 취사반에 배치되었다. 연료는 M1937 필드 레인지와 마찬가지로 가솔린을 사용한다.

스팀 테이블
Steam Table

스팀 테이블은 요리를 따끈한 상태로 배식하는 목적으로 사용하는 기구로, M1937 레인지의 조리용 포트와 투입식 히터를 장착할 수 있도록 만들어졌다.

워터 백
Water (Lyster) Bag

음료수는 일명 "리스터 백"이라 불리는 캔버스 제 물통으로 공급된다. 장병 1인당 식사와 조리에 필요로 하는 물의 양은 평균 2.8~3.8ℓ 정도로 설정되었다.

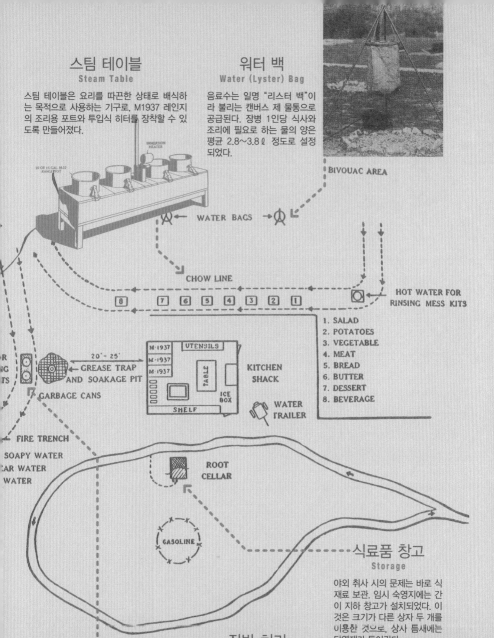

BIVOUAC AREA

10 OR 15 GAL. M-37 RANGE POT

IMMERSION HEATER

WATER BAGS →

CHOW LINE

8 7 6 5 4 3 2 1

HOT WATER FOR RINSING MESS KITS

1. SALAD
2. POTATOES
3. VEGETABLE
4. MEAT
5. BREAD
6. BUTTER
7. DESSERT
8. BEVERAGE

M-1937 UTENSILS
M-1937
M-1937 TABLE KITCHEN SHACK
SHELF ICE BOX
WATER TRAILER

20' - 25'

GREASE TRAP AND SOAKAGE PIT

GARBAGE CANS

FIRE TRENCH

SOAPY WATER
CAR WATER
WATER

ROOT CELLAR

GASOLINE

식료품 창고
Storage

야외 취사 시의 문제는 바로 식재료 보관. 임시 숙영지에는 간이 지하 창고가 설치되었다. 이것은 크기가 다른 상자 두 개를 이용한 것으로, 상자 틈새에는 단열재가 들어간다.

잔반 처리
Garbage Can

음식물 찌꺼기 및 각종 쓰레기는 목제 스탠드에 설치된 쓰레기통에 종류별로 분리수거. 쓰레기는 하루 두 번 수집되었으며, 쓰레기통은 세제가 든 물에 열탕 소독한 뒤, 재사용했다.

ASHES REFUSE AND TIN CANS EDIBLE GARBAGE EDIBLE GARBAGE

전쟁과 콜라

미국 문화를 상징하는 코카콜라.
전쟁은 코카콜라의 보급에도 큰 기여를 했다.
제2차 세계대전 중에 군에서 보급한 코카콜라는
무려 100억 병이 넘어가는 어마어마한 숫자였다.

코카콜라의 탄생
The Taste of America

미국 문화의 상징인 코카콜라는 1886년, 조지아주 애틀란타에서 탄생했다. 이를 발명한 것은 퇴역 군인으로 약제사였던 존 팸버턴(John Stith Pemberton)이다. 처음에는 일종의 약(소화제)으로 판매를 시작했으나 이후 청량음료로서 보급, 19세기 말에는 전국으로 확산되었다. 하지만 그리 대중적인 것은 아니었으며, 제1차 세계대전 중 입대한 이들 중에는 남부의 기지에서 처음으로 콜라를 마셨다는 내용을 편지에 적은 사람이 있을 정도였다. 코카콜라의 확산에는 전쟁과 군이 큰 몫을 한 셈이다.

미군과 콜라
Coke Goes to War

제2차 세계대전 기간 중, 중요 물자의 통제가 있었는데도 코카콜라는 설탕을 우선적으로 공급받을 수 있었으며, 해외에 건설된 64곳의 공장 가운데 59곳은 정부에서 직접 비용을 부담하기도 했다. 해외 파병된 장병들에게 있어 코카콜라는 그저 단순한 청량음료가 아니라 고향인 미국과의 유대감을 상기시켜주는 의미를 지니고 있었기 때문이다.

제2차 세계대전 중, 코카콜라는 군부대의 매점에서 판매되는 분량 이외에도 해외에 파견된 부대에 전투식량으로 지급되기도 했다. 당시의 코카콜라는 유리병에 들어 있었는데, 다 마신 후의 빈병은 반드시 반납하도록 지시되어 있었다. 오른쪽 사진은 군에 납품된 코카콜라 캔(1990년대 제품)으로 미군과 미 해안경비대의 대원들을 찬양하는 문구가 인쇄되었다.

코카콜라의 라이벌 펩시콜라. 한때 설탕의 선물계약 투자 실패로 경영 위기에 빠지기도 했지만, 현재는 코카콜라와 치열하게 시장 점유율을 다투는 존재가 되었다. 아래 사진은 1990~1991년, 걸프 전쟁 당시 사우디에 주둔했던 미군에 배급되었던 펩시콜라 캔이다.

U.S. Army Soldier Systems Center
Natick Soldier Center

NATICK 연구소

미군 전투식량 개발의 본거지

세계 최고수준의 장비, 그리고 고품질의 전투식량. 이러한 미군 장비의 태반은 메사추세츠 주의 군 시설, 나틱 연구소에서 개발된 것이다.

미 군은 장병들에게 지급할 각종 장비의 개발에 특히 큰 역량을 투자하고 있으며, 그 수준은 그야말로 세계 최고다. 이러한 장비들의 연구 및 개발을 담당하고 있는 시설이 바로 메사추세츠 주의 나틱(Natick) 연구소이다. 이 연구소는 1954년에 개설되었으며, 군이 전장에서 사용, 소비해왔던 각종 장비의 태반을 연구·개발하면서, 그 성능 요구 조건 또한 설정해왔다. 나틱 연구소의 담당 업무 중에는 전투식량의 개발도 포함되어 있으며, 산하 부서인 CFD에서 전투식량의 연구 개발과 포장 기술, 그리고 제조 설비의 연구개발을 담당해왔다. CFD는 지금까지 MRE를 비롯한 각종 전투식량을 완성시켰다.

U.S. Army Soldier Systems Center
Natick Soldier Center
NATICK
연구소

US ARMY NATICK
RESEARCH, DEVELOPMENT AND
ENGINEERING CENTER
Natick, Massachusetts 01760

LAKE COCHITUATE

INSTALLATION DIRECTORY
PRINCIPAL BUILDINGS & STRUCTURES

1980년대 나틱 연구소의 배치도.
부근에는 세계 유수의 민간 연구
시설이 집중되어 있다.

DoD Combat Feeding Program
미군 전투 급양 프로그램

미 군 전투 식량은 미 국방부 주도로, 복수의 기관에서 개발 및 테스트와 평가, 조달을 담당하고 있다. 이 가운데 개발업무를 담당하고 있는 것이 바로 나틱 연구소 산하 부서인 CFD(Combat Feeding Directorate)로, 전투식량의 품질 향상과 필요 영양소의 충족을 위한 연구를 하고 있다. 이 개발 과정에는 민간 기업도 참여했는데, 특히 스위프트사는 레토르트 파우치 개발에 공헌하기도 했다. 하지만 군의 성능 요구 조건(ROC)이 워낙 까다롭기에 기업들 대다수는 개발에 소극적으로, 군이 독자적 연구 시설을 운영하고 있는 것은 이 때문이다.

Experimental Rations
시험 제작품 전투식량

DENTAL LIQUID
APPLE PIE
FEBRUARY 1983

SPICE CAKE

TURKEY AND GRAVY

덴탈 리퀴드
Dental Liquid

1980년대에 시험적으로 만들어진 부상 병용 식품. 얼굴에 부상을 입어 턱을 제대로 움직이기 힘든 장병들을 위해 개발된 유동식의 일종. 봉지 안에 분말이 들어 있으며, 여기에 물을 섞어 취식한다.

시작형 MRE
MRE Prototype

현재 미군의 주요 전투식량으로 사용되고 있는 MRE의 시작형. 레토르트 팩 식품을 중심으로 한 구성이지만, 전체적으로 MCI(P21 참조)와 MRE의 중간에 있는 존재라는 인상이다.

DEPARTMENT OF DEFENSE
COMBAT FEEDING

Do you have a favorite meal created from MRE components? Do you have an interesting MRE story? We would like to hear from you! Please complete the information below and drop it off at the Combat Feeding booth or email us at: amssb-rcf@natick.army.mil

Name/Rank (Optional)
Years of Service ____ Unit ____ Email (Optional)
Permission to publish comments Yes ___ No ___
Comments:

C FD에서는 보다 많은 장병들이 만족할 수 있도록, 메뉴의 개선에 힘을 쏟고 있다. 이 덕분에 MRE의 식단은 매년 개선되고 있다. 이러한 개선은 설문조사를 바탕으로 하며, 시작품은 장병들을 대상으로 한 테스트를 받

는다. 이후 통합 작전 급양 토론 위원회의 연차 회의를 거쳐 폐지 메뉴와 신규 채용 메뉴가 결정되는데, 이 채용 과정에서는 맛과 영양의 밸런스는 물론 업자의 제조 능력 또한 중요 검토의 대상이라고 한다.

MRE 개선 제안 설문 용지
What you Want?

나틱 연구소에서는 전투식량의 개선을 위해 장병들의 설문지를 수집하여 신 메뉴 개발에 참고하고 있다.

핫 로스트 베지터블
Hot roast Vegetables

Time-Temperature Indicator Labels
획기적 발명, TTI 라벨

MRE용 시작 메뉴
Entrees for Field-Test

DATE PKG/LOT
INSP/TEST   07-05
MENUS   13-240A8E-B

*Note! WATER ACTIVATED Flameless
Ration Heater (NSN PKGMH-XM-0193)
supplied in each MRE menu bag!

나 틱 연구소의 여러 기술 중에서도 특히 획기적인 것이 바로 「TTI」라 불리는 라벨이나. 이 라벨은 선투식량이 포장되고 나서부터의 시간 경과와 보관 온도를 식별할 수 있는 장비이며, 동심원의 안쪽이 시간의 경과와

보관 온도의 상승에 따라 점차 어두운 색으로 변하는 구조다. 이 라벨을 통해 전투식량의 보관 및 품질 상태를 한눈에 바로 확인할 수 있다. 또한 TTI 라벨의 단가는 장당 50원 정도로 매우 저렴하다.

Fresh-Check®
TTI10
Indicator

Fresh-Check®
TTI10
Indicator

취식 가능   취식 불가
Matches Reference   Darker Than Reference

TTI 라벨의 동심원 내부 색상 변화를 통해 전투식량의 상태를 판단할 수 있다.

일본 육상자위대의 급식

「평상식과 전투양식」

1950년 경찰예비대라는 이름으로 출발, 1952년 보안대를 거쳐,
1954년에 방위청 설치와 함께 육해공 3개 조직으로 출범한 일본의 자위대.
일본에서는 국토방위와 재해구조활동, 민생협력, 국외에서는 림팩 훈련과 같은
국제 합동 훈련을 하며, PKO 활동으로 다양한 미디어를 통해 소개되고 있다.
하지만 자위대가 사용하고 있는 전투식량에 대해서는 거의 알려져 있지 않다.
이 챕터에서는 자위대의 협력을 얻어 평상시의 급식 및 전투식량과 이를 공급하는 취사반,
그리고 야외 조리용 장비 등, 잘 알려지지 않은 자위대의 식생활에 대해 소개하고자 한다.

칸메시(캔 밥)
KAN-MESHI

팍크메시(팩 밥)
PACK-MESHI

110

평상식
HEIJOU-SHOKU

만능 조리차
야외취구 1호(개)
YAGAISUIGUICHIGOU-KAI

01

주둔지의 평상식

자위관들이 주둔지에서 매일 먹는 「평상식」.
명칭만 듣고 보면 뭔가 있어 보이지만,
실제로는 흔한 민간 식당과 별 차이 없다.
1일 식비는 평균 850엔 정도다.

　　자위대의 식사는 ①기본식, ②증가식, ③가
급식(加給食)으로 구분되어 있으며, 기본식은
다시 ①평상식, ②환자식, ③비상식(전투식량이
여기에 포함)으로 분류되는데, 이 중에서 대원
들이 주둔지나 기지에서 먹는 식사가 바로 「평
상식」이다. 하루 제공되는 열량은 3300㎉, 식
비는 평균 850엔으로 책정되어 있는데, 주둔
지역 특성이나 물가에 따라 다소의 차이가 있
다. 식단은 보통 월 단위로 작성되며, 기관(技
官, 기술직 군무원※)인 영양사의 체크를 받은
뒤, 급식 위원 사이의 토의를 거쳐 최종 승인을
받게 된다. 이렇게 만들어지는 식단에는 계절
메뉴나 향토 요리도 포함되는데, 여기에는 패스
트푸드에 길들여진 신입 대원들에 대한 「식육
(食育)」이란 의미도 있다. 또한 각 주둔지마다
간판 메뉴가 존재하는데, 예를 들어 아사카(朝
霞) 주둔지의 경우에는 구 일본군 사관학교 시
대의 명물이었던 카츠카레(돈까스 카레)를 재현

한 「신부다이 카츠카레(振武台カツカレー)」가
유명하며, 카레는 모든 주둔지 공통의 인기 메
뉴이기도 하다. 참고로 「증가식」은 대원들이 특
별한 근무나 훈련 등에 투입되었을 때에 지급되
는 것으로 연습증가식이나 공정(공수)식 등
이 있으며, 「가급식」은 고도의 긴장 상태를 유
지해야만 하는 항공기 탑승원들에게 지급되는
식품이다.

주둔지의 식사는 아침이 6시 반～7시 반, 점심이 12시
～13시, 저녁이 17시 40분～18시 30분이다.

※ 역주 : 자위대원이란 자위관현역 군인과 사무관 및 기관사무 및 기술직 군무원)을 포함하여 일컫는 말이다.

평상식 식단의 예 (생일 런치)

선택 메뉴 A

평상식은 아침과 점심, 저녁의 3식으로, 이 가운데 점심은 2종의 메뉴 중 하나를 선택하는 시스템이다. 메뉴는 제철 식재료를 이용한 것은 물론 건강을 배려한 요리도 있는데, 대원들의 기호에 맞춘 신 메뉴도 도입되는 등 지속적 개선이 이루어지고 있다. 여기 소개하고 있는 「생일 런치(誕生日昼飯)」는 주둔지에서 매월 1회 제공하고 있는 특별 메뉴로, 그 달에 생일을 맞은 대원들을 축하해주는 의미의 메뉴이다. 주식은 팥밥이며, 여기에 디저트로 케이크가 한 조각씩 곁들여진 것이 특징이다.

「생일 런치」의 선택 메뉴 A는 모듬 튀김 세트. 먹음직스럽기 때문인지 이쪽을 선택하는 대원이 더 많다.

선택 메뉴 B

선택 메뉴 B의 메인은 무즙을 올린 일본풍 쇠고기 필레 스테이크. 메인 요리를 빼면 메뉴 A와 동일하다.

《선택 메뉴 A》
1 팥밥
2 모듬 튀김 세트
3 죽순 미역 조림
4 드레싱 샐러드
5 미소시루(된장국)
6 케이크

《선택 메뉴 B》
1 팥밥
2 일본풍 쇠고기 필레 스테이크
3 죽순 미역 조림
4 드레싱 샐러드
5 미소시루(된장국)
6 케이크

케이크

「생일 런치」 식단에 화사함을 더해주는 케이크. 「생일 런치」의 급식이 이루어지는 일자는 각 주둔지별로 차이가 있다.

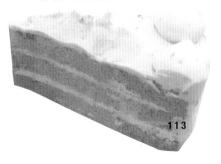

배식 라인 앞에 게시된 열량표. 하루의 식사 가운데 점심 식사가 가장 큰 비중을 차지하고 있다는 것을 알 수 있다.

本日(6/8)のエネルギーを目安にして喫食してください。

《朝食》			
主 食	427		kcal
副 食	487		kcal
合 計	914		kcal
《昼食》	A	B	
主 食	499	499	kcal
副 食	976	621	kcal
合 計	1,475	1,120	kcal
《夕食》			
主 食	473		kcal
副 食	432		kcal
合 計	905		kcal

주둔지의 조리장

대량의 식사를 공급하는 주둔지 식당에서는,
주둔지 대원들이 그 조리를 담당한다.
3개월 교대로 실시되는 조리장 근무이지만,
여기에는 야외 조리의 훈련이란 목적도 존재.

주둔지 대원들이 먹을 음식은 최소 수백 명 단위가 기본으로, 조리 또한 대원들이 맡는다. 조리 임무는 해당 부대에 근무하는 대원들을 3개월 교대로 투입하는 시스템이며, 그 목적은 야전에서의 조리법을 익히는 것이다. 야전 취사는 중대단위를 기본으로 이루어지므로, 주둔지에서의 조리장 근무는 이러한 훈련을 겸하고 있다. 따라서 조리 담당으로 투입되는 대원 중에는 경험이 없는 인원도 포함되는데, 이를 감독할 조리 주임은 군수 학교에서 훈련을 수료한 육조(陸曹, 육자대의 부사관)이다. 참고로 조리 근무는 3교대로 돌아가는데, ①비번, ② 식재료 손질, ③조리라는 로테이션이며, 1회에 공급하는 식사는 평균 2000끼, 연간으로 따진다면 200만 끼라고 하는 어마어마한 양이다.

식재료 손질
조리에 사용되는 식재료의 손질은, 전날에 미리 실시. 작업은 재료별로 육류, 어류, 야채 등으로 구분된다. 물은 식중독 예방을 위해 가능하면 이온수를 사용하도록 되어 있는 등, 위생 문제에 항시 주의를 기울인다.

취반실
취반 작업은 별도의 공간에서 실시된다. 자위대의 밥은 영양의 밸런스를 고려하여 보리를 섞어 짓도록 되어 있는데, 1인당 밥의 양은 180~200g이지만, 메뉴에 따라 다소의 차이가 있다. 사진 왼쪽에 쌓여 있는 것은 밥을 짓기 위한 용기이며, 이 용기 하나로 50인분의 밥을 지을 수 있다.

샐러드 만들기

한 번에 2000끼를 조리해야 하는 아사카 주둔지의 조리장에는 6개의 조리용 큰 솥이 있는데, 미소시루라면 솥 하나로 1000명분을 끓일 수도 있다. 사진은 샐러드를 만드는 광경으로, 이만한 양의 야채와 드레싱을 같이 섞는 것은 꽤 힘든 작업이다.

튀김의 조리

돈가스나 생선가스 등, 각종 튀김 요리는 「프라이어」라고 불리는 조리기구를 사용하는데, 튀김옷을 입혀 넣기만 하면 자동으로 튀김이 만들어진다. 주둔지의 평상식으로는 민스 커틀릿, 새우튀김, 전갱이 튀김 등의 메뉴가 있으며, 주로 점심이나 저녁 메뉴로 배식된다.

구이 류의 조리

그릴 위에서 조리되는 생일 런치용 쇠고기 스테이크. 스테이크에 사용되는 고기는 그 품질에 맞춘 등급이 존재한다. 평상식에는 육류 외에도 생선구이도 자주 메뉴에 올라가는데, 연어 소금구이나 꽁치구이, 황새치 양념구이 등의 다양한 요리가 제공되고 있다.

주둔지 식당

주둔지 식당은 ①간부(장교)식당, ②육조(부사관)식당, ③육사(사병)식당의 세 종류로 나뉜다. 제공 식사는 모두 동일한데, 특별 체육 학교가 부속된 아사카 주둔지에는 여기에 더하여 「특체식당(特体食堂)」이 설치되어 있다. 체육 학교 생도들의 경우, 일반 대원들과 다른 급식 프로그램을 따르는데, 종목별로 차이가 있으나, 하루에 평균 5000kcal를 섭취하게 된다고 한다.

육사식당

출입구는 따로 분리하지만, 육조와 육사식당은 기본적으로 같다. 다만 배식 라인 수가 다른데, 전자가 2개, 후자는 3개로 배치되어 있다. 육조보다 육사의 인원수가 훨씬 많기 때문이다.

간부식당

간부식당에는 테이블에 식탁보가 깔려 있으며, 의자도 육조 및 육사식당과는 다른 것이 비치되어 있다. 배식 라인이 하나 뿐인 관계로, 점심 메뉴는 1종류만 나오게 된다.

115

야외취구 1호(개)

야외 훈련 및 연습 시의 든든한 버팀목.
전차나 장갑차처럼 화려하지는 않지만,
때에 따라선 훨씬 중요한 역할을 맡는 등,
취사차량은 육자대의 진짜(!) 비밀병기다.

야전에서 대원들의 식사를 책임지는 존재가
바로 「야외취구 1호(野外炊具1号)」라 불리는 취
사 트레일러다. 자위대의 각종 장비들 중에서
비교적 눈에 띄지 않는 부류에 속하지만, 따끈
한 식사를 공급하여 체력과 사기를 유지시키는
중요한 역할을 담당한다. 야외취구 1호는 재해
현장에서도 큰 활약을 하고 있는데, 2005년의
진도 6.8의 주에츠 지진 당시, 피해 지역의 구
호 활동에 투입되기도 했다. 야외취구 1호는 환
류식 취반기 6개와 야채 조리기로 구성되며, 한
번에 200인(최대 250인)분을 45분 이내에 조리
가능하다. 사용 연료는 등유이며 연료 점화에는
휘발유가 사용되었으나 2000년부터 도입된 「야
전취구 1호(개)」(사진)부터는 전기 점화식으로
변경되었다. 야외취구 1호는 취사반장과 대원을
합쳐 5명이 운용하며, 중대 단위로 배치된다.

야외취구 1호(사진은 개량형인 1호(개))는 취반기 6개와
야채 조리기로 200인분을 공급 가능하다.

환류식 취반기

야외취구 1호의 환류식 취반기는 컴프레서를 통해 공급된 연료(등유)를 버너에서 연소시키는 구조로 되어 있는데, 밥을 짓는 기능 이외에도 조리 방식에 맞는 솥으로 교체한 뒤 국이나 찜, 튀김, 볶음 등의 조리도 가능하도록 제작되었지만, 기기 특성상 구이 요리는 불가능하다. 또한 이 취반기는 210ℓ의 물을 약 30분 만에 끓일 수 있는 기능을 지니고 있으며, 음료로 사용할 온수 공급 외에 각종 훈련 상황에서 지급되는 전투양식을 가열하는 용도로도 사용 가능하다.

밥솥 가마 하나에서 약 50인분의 밥을 지을 수 있다. 가마 하나에는 내솥 2개가 들어가며, 밥이 지어지기까지 20~30분, 뜸들이기에 20분이 걸린다. 다 지어졌는지를 판단하는 기준은 김에서 나는 냄새. 나무가 살짝 탄 냄새가 나기 시작하면 완성이다.

야채 조리기

부식 조리 부식을 조리할 때에는 취반기의 가마에 국통을 걸게 된다. 야외취구 1호로 조리를 할 경우, 취반기 4개에서 밥을 짓고, 나머지 2개에서 부식을 조리하는 것이 일반적이다.

야외에서 취사 작업을 할 때, 식재료의 손질에 사용되는 장비가 야채 조리기이다. 이 장비는 식재료를 각 요리에 맞게 다듬고 써는 기계로, 각 요리에 맞는 교환식 칼날(사진 위)이 준비되어 있다. 평상시에는 야외취구 1호 트레일러에 탑재되어 있지만, 사진과 같이 내려놓고 사용할 수도 있다.

견인상태 야외취구 1호의 중량은 약 2.2t으로, 장거리 이동 시에는 73식 3.5t 트럭으로 견인하며, 이때 브레이크 램프 등의 전원은 케이블을 통해 트럭에서 공급 받는다. 야외취구 1호는 주행 중에도 조리가 가능하도록 만들어졌으나, 일본의 소방법 규정에 따라 일반 도로에서의 조리는 금지되었다. 물론 훈련장에서라면 조리가 가능하지만, 이 경우에도 행군 속도에 맞춰 서행하는 것이 기본이라고 한다.

야전 취사는 항상 자연 환경의 영향을 받게 된다. 특히
겨울에는 동결 등의 문제로 식재료 손질에 애로사항이

대량으로 조리되고 있는 마파 가지볶음. 야전 취사 시에
는 염분의 보충을 고려, 약간 간을 세게 하는 편.

야전 취사장과
배식 추진.

부대의 전투력을 유지·증진하는 각종 보급.
그중에서도 식료품의 보급이 특히 중요하다.
훈련 중인 부대를 음지에서 지탱해주는 존재,
그것이 바로 각 중대에 소속된 취사반이다.

　각종 훈련에 참가하는 대원들의 가장 큰 낙
은 바로 식사. 세끼 식사는 부대의 전투력과 사
기 유지를 위해 꼭 필요하기에, 야전 취사반의
중요성은 매우 크다. 야전에서의 조리는 보통
중대 단위로 실시하지만, 메뉴는 연대 전체가
공통. 각 중대의 야전 급양계에서 제출한 메뉴
를 기본으로, 영양과 식재료비 등을 검토하여
식단을 결정한다. 야전에서의 급식은 우선 각
중대의 취사반이 연대 군수과에서 식재료를 수
령, 이를 조리하여 각 부대로 배식 추진을 나가
는 방식으로 이뤄지는데, 조리는 야전 급식 과
정을 수료한 육조가 감독하며, 각 중대에서 차
출된 대원들이 임무를 수행한다. 조리에 소요
되는 시간은 약 2시간 정도이지만, 아침이 끝
나면 바로 점심, 점심이 끝나면 바로 저녁 준비
에 들어가야만 한다. 주둔지와 달리 훈련 상황
에서는 식사 시간도 일정치가 않기에 이 임무
중에는 쉴 틈이 없다고 한다.

야외취구 1호와 함께 야외에서의 조리
에 사용되는 휴대용 취구(사진은 「야
외취구 2호(개)」. 일단 조리를 목적으
로 만들어졌지만, 위생부대(의무대)에
서는 의료장비의 열탕 소독용 기구로
도 요긴하게 사용하고 있다.

급식 분배

완성된 음식은 각 제대(중대 단위)별로 분배된다. 배식용
식관에 씌운 비닐은 식기 세척용 물을 아끼기 위한 것.

배식 추진

각 중대의 배식반에서 식사를 수령해간다. 자위대에서는
이러한 작업을 구 일본군과 마찬가지로 「메시아게(メシ上
げ)」라 부르고 있다.

따끈한 한 끼 식사는 부대의 전력과 사기에도 영향을
주기에, 이를 전선의 장병들에게 공급하는 것은 큰 의
미를 지닌다. 야전 취사장에서 조리된 식사는 보온 식
관에 수납된 상태로 각 중대별로 분배되는데, 보온 식
관이 없었던 시절에는 음식을 따끈한 상태로 배식하
기 위해 중대별로 돈을 모아 구입한 보온 용기에 올리
브 드랩 페인트를 칠해 사용하는 일도 있었다고 한다.

보온 식관

배식 추진에 사용되는 보온
식관은 ①주식(밥)용, ②부
식용, ③국통의 세 종류가
존재하는데, 원활한 배식을
위해 보온 식관은 부대별로
두 세트가 준비되어 있다.

《점심 메뉴》

❶ 흰 쌀밥

❷ 마파 가지볶음

❸ 당면 무침

❹ 미소시루

❺ 오렌지 주스

❻ 단무지 절임

훈련장에서 먹게 되는 점심 메뉴의 일례. 보는 바와 같이, 주둔지에서 먹는 평상식과
비교해도 손색이 없다. 물론 맛도 괜찮은 편.

야전용 반합

현재는 각종 훈련 상황에서
식기로 사용되는 반합. 참고
로 젓가락과 스푼은 따로 지
급되지 않으며, 대원들이 개
인적으로 구입한다.

전투양식 I 형 메뉴 카탈로그

일본 육상자위대의 급식

05

채용 이후, 반세기 이상의 실적을 지닌 전투양식 I 형 "칸메시(캔 밥)"
자위대의 분류에 따르면 「비상식」에 해당하며, 총열량은 903~1159㎉,
중량은 평균 780g으로, 8종의 메뉴가 존재. (1번과 6번 메뉴는 P56 참조)

닭고기 야채 조림
TORINIKUYASAI-NI

닭고기 야채 조림은 1976년에 채용된 메뉴로, 닭고기, 토란, 우엉, 당근, 죽순, 표고버섯 등이 들어간다. 닭고기와 야채의 비율은 대략 반반 정도.

메뉴
NO.2

《주식》
❶ 흰 쌀밥
《부식》
❷ 닭고기 야채 조림
❸ 양념 참치 통조림
❹ 단무지 절임

주식인 쌀밥은 1964년에 채용된 것으로, 정제미를 사용. 양은 405g으로 약 3홉 정도이다.

메뉴
NO.3

《주식》
❶ 팥밥
《부식》
❷ 닭고기 내장 야채 조림
❸ 단무지 절임

부식은 2번 메뉴와 거의 비슷하지만, 1967년에 채용된 이쪽이 먼저이다. 재료로는 닭고기와 내장 외에 실곤약, 죽순이 들어 있다. 팥밥은 1971년에 채용되었는데, 전투양식 I 형의 주식 중 가장 인기가 높다.

닭고기 내장 야채 조림
TORINIKUMOTSUYASAI-NI

양념 참치 통조림
MAGURO-AJITSUKE

콘비프 베지터블(1986년 채용)은 쇠고기와 말고기에 당근, 완두콩, 옥수수 등을 섞은 것으로, 그대로 취식하기도 하지만 여기에 뜨거운 물을 부어 수프로 만들 수도 있다. 양념 참치 통조림은 참치와 버섯에 간장, 설탕 등으로 양념을 한 것이다.

메뉴
NO.4

《주식》
❶ 팥밥
《부식》
❷ 콘비프 베지터블
❸ 양념 참치 통조림
❹ 단무지 절임

콘비프 베지터블
Corned beef&Vegetables

120

쇠고기 양념조림
GYUNIKU-AJITSUKE

1980년에 도입된 쇠고기 양념조림. 앞다리살이나 허벅지살을 5mm정도 두께로 얇게 썰어서 간장과 설탕, 소금 등으로 구성된 조미액으로 양념한 것이다. 주식인 고모쿠메시(오목밥)는 1999년에 채용되었으며, 당근, 유부, 죽순, 표고버섯, 우엉을 사용한다.

메뉴

NO.5

《주식》
❶ 고모쿠메시
《부식》
❷ 쇠고기 양념조림
❸ 단무지 절임

메뉴

NO.7

《주식》
❶ 닭고기 볶음밥
《부식》
❷ 송어 야채 조림
❸ 단무지 절임

1976년에 채용된 송어 야채찜은 연어(곱사연어)나 송어를 소금물로 삶은 뒤, 조미액으로 양념한 다시마, 당근, 죽순 등을 곁들인 부식. 생선과 기타 재료의 비율은 거의 반반 정도이다. 토리메시(닭고기 볶음밥)는 1965년에 채용되었으며, 닭고기와 양파를 넣고 만든 볶음밥이다.

송어 야채 조림
MASUYASAI-NI

양념 햄버그
AJITSUKE-Hamburg Steak

1967년에 채용된 메뉴. 쇠고기와 돼지고기, 양파를 섞은 다진 고기를 둥글게 빚은 뒤, 양면을 가볍게 구워 완두콩과 조미 양념을 곁들여 통조림으로 만든 것이며, 주식인 표고버섯 밥은 표고버섯과 유부를 넣고 볶은 밥으로 1965년에 채용된 메뉴이다.

메뉴

NO.8

《주식》
❶ 표고버섯 밥
《부식》
❷ 양념 햄버그
❸ 후쿠진즈케

전투양식 II 형 메뉴 카탈로그

일본 육상자위대의 급식

06

흔히 "경포장양식"이나 "팍크메시(팩 밥)" 등의 애칭을 지닌 전투양식 II형. 육상자위대의 전투식량으로, 기능성의 향상에 주안점을 둔 것이 특징이며, 현재는 일식, 양식, 중식 등 14종*의 메뉴가 존재.

※역주 : 2009년 이후 새로 개선되어 나온 식단에서는 21종으로 늘어났다.

양식
European-Style Food

메뉴　　Hamburg Steak

NO.2　햄버그

《주식》	《부식》
❶ 쌀밥×2	❶ 햄버그
	❷ 감자 샐러드
	❸ 다카나즈케(일본식 갓김치)

햄버그는 전투양식 II형의 메뉴들 중에서도 특히 인기 있는 메뉴 가운데 하나. 원재료는 I형의 햄버그와 같지만, II형 쪽이 180g으로 훨씬 양이 많으며(I형은 110g), 버섯이 곁들여져 있는 것이 특징이다. 주식인 쌀밥에는 멥쌀을 사용했으며, 1팩의 양은 200g, 약 1.3홉 정도이다.

메뉴　　Frankfurt

NO.3　프랑크푸르트

《주식》	《부식》
❶ 드라이 카레	❶ 프랑크소시지
❷ 고모쿠메시	❷ 후쿠진즈케
	❸ 즉석 미역국

전투양식 II형에는 I형의 비엔나소시지보다 큰 프랑크소시지가 들어 있다. 주재료는 닭고기(I형은 쇠고기와 돼지고기, 닭고기)가 사용되었으며, 중량은 4개에 120g. 동봉되어 있는 즉석 미역국은 분말로 되어 있으며, 미역, 참깨, 파가 들어 있다. 160cc의 뜨거운 물을 부으면 완성이다.

메뉴　　Chicken Steak

NO.5　치킨 스테이크

《주식》	《부식》
❶ 쌀밥	❶ 치킨 스테이크
❷ 드라이카레	❷ 독일식 감자 샐러드
	❸ 달걀국

치킨 스테이크는 간장, 맛술, 설탕으로 맛을 낸 닭고기에 소스(콘소메, 전분, 조미료 등)를 곁들인 것. 독일식 감자 샐러드에는 마요네즈가 사용되어, 다른 메뉴에 든 감자 샐러드와는 약간 맛이 다르다. 국으로는 동결건조 방식으로 만들어진 달걀국이 들어 있다.

중화요리

메뉴　　　　　CHUUKA-DON

NO.6　중화덮밥

《주식》	《부식》
❶ 쌀밥×2	❶ 중화덮밥
	❷ 버섯국
	❸ 멘마(발효시킨 죽순)

메뉴 6번인 중화덮밥은 배추, 죽순, 당근, 영콘 등의 야채와 닭고기, 돼지고기, 그리고 엷게 푼 계란을 사용하여 각종 조미료로 맛을 낸 요리. 참고로 이 중화덮밥은 생산이 중단된 상태로, 본 페이지의 사진은 2001년에 찍은 것이다.

메뉴　　　Chinese-Style NIKUDANGO

NO.7　중화풍 미트볼

《주식》	《부식》
❶ 쌀밥	❶ 중화풍 미트볼
❷ 고모쿠 차항(오목 볶음밥)	❷ 중화풍 미역국
	❸ 무채김치

7번 메뉴인 미트볼의 재료는 쇠고기, 돼지고기와 양파로, 여기에 중화풍소스(간장, 설탕, 양조식초 등)를 곁들였다. 무채김치는 가늘게 채를 썬 무에 고춧가루 등으로 매운 맛을 내고 조미액으로 맛을 낸 일본식 김치. 국으로는 동결건조 방식의 미역국이 들어 있다.

메뉴　　　Sweet&Sour Pork

NO.8　스부타

《주식》	《부식》
❶ 쌀밥	❶ 스부타
❷ 게살볶음밥	❷ 중화풍 미역국
	❸ 무채김치

달걀국

양식 메뉴의 달걀국은 동결건조 방식으로 제조되었다. 중량은 1개 9g으로, 취식을 위해서는 200cc 정도의 온수를 부어야 하지만, 그냥 물을 부어도 문제없다고 한다.

8번 메뉴는 일본식 탕수육이라 할 수 있는 스부타(酢豚)로, 돼지고기에 죽순, 당근, 양파, 표고버섯이 곁들여지며, 양조식초, 토마토케첩, 간장, 향신료 등으로 맛을 낸 것이다. 사진의 미역국은 뜨거운 물을 붓고 충분한 시간이 지나 미역이 완전히 풀어진 모습이다.

123

전투양식 II형 메뉴 카탈로그

일식
Japanese-Style Food

메뉴	Beef Bowl

NO.9 규동

《주식》	《부식》
① 쌀밥×2	① 규동
	② 즉석 미역국
	③ 후쿠진즈케

전투양식 II형에는 일본식 패스트푸드의 단골 메뉴인 규동(쇠고기 덮밥)도 메뉴에 포함되어 있다. 쇠고기와 양파를 간장, 설탕, 청주를 이용해 조리한 것으로, 양은 150g이다. 곁들여지는 국으로는 즉석 미역국이 들어 있는데, 이는 앞서 설명한 것들과 마찬가지로 동결건조 방식으로 제조되었다.

메뉴	YAKITORI

NO.10 야키토리

《주식》	《부식》
① 콩밥	① 야키토리
② 산채밥	② 유부 미소시루
	③ 하리하리즈케

메뉴 10번인 야키토리(닭고기 양념구이)는 닭고기를 간장, 설탕, 전분, 향신료 등으로 양념한 것으로, 숯불구이의 맛과 향을 지니고 있다. 하리하리즈케는 가늘게 채 썬 무에 다시마, 참깨, 고춧가루 등을 넣어 만든 절임. I형에 들어 있는 단무지 절임과는 조금 다른 맛이다.

메뉴	SAKE-SIOYAKI

NO.11 연어 소금구이

《주식》	《부식》
① 닭고기 볶음밥	① 연어 소금구이
② 팥밥	② 감자 샐러드
	③ 유부 미소시루

메뉴 11번은 일본식 아침의 단골인 연어 소금구이. 양은 65g으로 조금 적지만, 레토르트 식품치고 맛은 괜찮다. 소금구이라는 이름과는 달리, 그리 짜지 않다. 감자 샐러드는 약간 시큼하며, 동결건조 방식으로 제조된 유부 미소시루가 들어 있다.

중화풍 미역국
Chinese-Style Wakame Soup

중화풍 미역국은 다른 메뉴의 즉석 미역국과 달리 참깨와 파가 들어 있지 않다.

NO.12 고등어 생강 조림

《주식》	《부식》
❶ 쌀밥	❶ 고등어 생강 조림
❷ 산채밥	❷ 감자 샐러드
	❸ 즉석 미역국
	❹ 다카나즈케

일본의 식탁에서 빼놓을 수 없는 존재인 고등어(요즘은 일본, 한국 모두 노르웨이산이 대세)도 전투양식 II형의 메뉴에 올라 있다. 간장, 설탕, 생강, 술, 맛술 등을 넣고 만들어 비린내가 나지 않으면서 가벼운 단맛이 난다. 다카나즈케도 그리 짜지 않은 편.

NO.13 치쿠젠니

《주식》	《부식》
❶ 쌀밥	❶ 치쿠젠니
❷ 콩밥	❷ 즉석 미역국
	❸ 하리하리즈케

치쿠젠니*는 원래 기타큐슈 지방 요리로, II형의 메뉴 중에선 보기 드문 향토 요리. 죽순, 토란, 고사리, 우엉 등의 야채와 닭고기에, 간장, 청주, 설탕 등을 넣고 푹 졸였다. 주식인 콩밥은 완두콩을 넣고 지은 밥으로, 살짝 소금 간이 되어 있다.

※역주 : 筑前煮. 뿌리야채를 넣은 일본식 닭고기 찜.

NO.14 참치 스테이크

《주식》	《부식》
❶ 쌀밥	❶ 참치 스테이크
❷ 팥밥	❷ 가늘게 썬 다시마 조림
	❸ 유부 미소시루

유부 미소시루

일식 메뉴에 부속되어 있는 동결건조 미소시루. 원재료로는 일본식 쌀된장, 유부, 가쓰오(가다랑어)와 표고버섯의 추출물, 기타 조미료 등이 사용되었다.

14번 메뉴인 참치 스테이크는 한입 크기로 썬 참치를 간장, 설탕, 전분, 향신료 등으로 조리한 요리로, 국물은 다소 걸쭉하다. 다시마조림은 이 14번 메뉴에만 들어 있는 부식으로 다시마, 유부, 당근, 죽순에 간장과 설탕 등의 조미료를 넣고 죽 조려낸 것이다.

개선되고 있는 전투양식 II형

일본 육상자
위대의 급식

07

(앞으로 밥이 점점 맛있어진다고?)

대원들의 만족도 향상을 위해, 개선 계획이 진행 중인 전투양식 II형.
쌀밥의 개선으로 밥맛은 물론 식량 자체의 맛이 향상되리라 기대되고 있다.

세계 각국에서는 전투식량 개선을 위해 노력하며, 자위대 또한 마찬가지다. 90년대 초에 도입되어 세월이 많이 흐른 전투양식 II형도 2003년 경부터 개선작업이 시작. 개선 내용은 ①한 끼를 하나의 팩으로, ②쌀밥을 팩이 아닌 트레이식으로, ③메뉴의 수를 21종으로, ④스푼의 추가였는데, 이 중 특히 주목할 점은 쌀밥으로, 시중에서 흔히 먹을 수 있는 즉석밥처럼 플라스틱 트레이에 담긴 방식으로 바뀌었으며 그 맛과 식감도 크게 향상되었다.※

※역주 : 이 개량형은 2009년부터 납입이 시작되었다.

개량된 전투양식 II형(예상도)
Modified Version

신형 전투양식 II형은 주식과 부식이 하나의 패키지에 포장되어 있으며, 포크 스푼이 부속되었다. 이는 설문 조사에서 특히 많았던 동봉 요구에 따른 것으로, 이렇게 개선된 신형은 2009년부터 자위대에 납입되기 시작했다.

《개량된 전투양식 II형》
① 포크 숟가락
② 부식팩
③ 주식팩×2
④ 외장

종래의 전투양식 II형
Former Version

원래 전투양식 II형은 주식 2팩과 부식 1팩으로 구성되었는데, 자위대원들 사이에선 좀 번잡하다는 의견이 많았다. 이에 따라 개량형에서는 모두 하나의 팩 안에 포장되면서 보다 운반과 휴대가 편리해졌다.

《전투양식 II형 내역》
① 주식(레토르트 파우치×2)
② 부식팩
③ 부식 내역(레토르트 파우치×3)

주식 개량형(현행 II형)에서는 밥이 플라스틱 트레이에 담긴 형태로 바뀌었는데, 밥맛이 좋아지면서 전투양식의 전체 맛도 나아졌다고 한다.

전투식량의 어제와 오늘

「전투식량 또한 세월 따라, 군대 따라…」

전투식량은 탄생한 이래, 여러 요인과 기술의 발전으로 변화를 거듭했다.
이젠 과거의 유물이 되어버린 현지 조달이나 약탈, 전투식량 목록에서 삭제된 술,
그리고 각 국가별 식문화가 현재보다 독특했던 시대의 각국 전투식량 등…
역사의 흐름을 살짝 거슬러 올라가, 옛 시대의 전투식량에도 눈을 돌려보자.

WWⅡ 독일군

티거 전차와 판터 전차, 그리고 전격전의 주역이었던 기계화 보병 등,
우수한 무기와 정예병으로 구성된 군대라는 이미지가 강한 WWⅡ의 독일군이지만,
장병들에게 지급된 식사는 전통적인 독일식 요리가 주류를 이루고 있었다.

오늘날의 기준으로도 세련된 군복과 우수한 무기로 인기가 높은 제2차 세계대전 당시의 독일군. 하지만 전투식량에서는 조금 의외인 면이 있다. 당시의 독일군 장병들에게 지급되었던 식사는 "코미스브로트(Kommissbrot, 군용빵)"라 불리던 호밀빵에 수프나 스튜, 소시지, 그리고 커피(대부분의 경우엔 대용 커피)라는 좀 소박한 메뉴가 기본이었다. 급식은 근무 지역에 따라 4등급으로 구분되었는데, 이 가운데 양이 가장 많았던 것은 최전선 부대에 지급되는 "식단 1형(Verpflegungssatz I)"이었다. 전장에서의 식사는 보통 필드 키친에서 조리한 요리를 지급하는 시스템으로, 하루 세끼가 기본이었으며, 가장 든든한 식사는 점심이었다. 또한 보급이 원활하지 않을 때는 휴대 식량을 사용했으며, 행군식과 비상식 등의 베리에이션이 존재했다.

야전용 비상식량

야전용 비상식량의 내용물

❶ 담배(엽궐련)	❺ 초콜릿
❷ 드롭스	❻ 비스킷
❸ 시리얼 바	❼ 초콜릿 블록
❹ 하드 비스킷	❽ 대용 커피

야전용 비상식량은 식료 보급이 두절되었을 경우에 사용하는 것으로, 고열량식과 담배(여기 소개하고 있는 것에는 잎담배가 들어 있다)로 구성되어 있다. 위 사진은 군장 수집가들을 위해 당시의 제품을 재현한 레플리카.

쇼카콜라(초콜릿)

1936년에 발매되었으며 제2차 세계대전 중에는 독일의 육·해·공 3군의 전투식량 구성품으로 지급되었던 쇼카콜라. 비터 초콜릿의 일종으로, 최근 한국에도 수입되기 시작했다. 이름에 들어 있는 "콜라"는 「콜라 열매」를 뜻한다.

야전에서의 식사 모습. 위 사진에 찍힌 것은 장병들 개인이 휴대하는 행군식(보통 수 일분을 휴대)으로, 소시지, 비스킷, 쇼카콜라 등이 보인다.

WWⅡ 독일군 전투식량 내역	
빵	750g
버터 또는 조리용 유지	45g
소시지(생 또는 통조림)	120g
마멀레이드 또는 인조 벌꿀	200g
감자, 야채	750g
고기	120g
야채 또는 동물성 유지	45g
소스	15g
커피	8g
사탕 또는 초콜릿	1팩
담배(궐련)	7개비
담배(엽궐련)	2개비

아인토프(독일식 수프)

독일군 장병들에게 배식된 대표 메뉴 중 하나인 "아인토프(Eintopf)". 독일의 대표적인 수프로, 수많은 레시피가 존재한다. 이 외에 굴라슈(Gulasch)라 불리는 스튜도 일상 메뉴 가운데 하나였다.

코미스브로트(군용빵)

독일군의 급식에서 주식의 위치를 차지하고 있었던 호밀빵의 일종인 "코미스브로트". 사진은 당시의 스타일을 재현한 시판품으로 750g 1개에 1620엔이다.
문의) ㈜오리진 카와모토
(オリヂンカワモト)
☎0543-48-6226
http://www.brot.jp

WWⅡ 영국군

요리에 관해서는 평판이 영 좋지 않은 영국. 과연 전투식량은 어땠을까?
야전에서 사용한 전투식량은 기본 두 종류로, 다양성이 좀 부족했지만,
집단 급식용 전투식량의 경우, 미군의 전투식량에 큰 영향을 주기도 했다.

영국군의 급양도 기본적으로 정해진 메뉴에 맞춰 조리한 식사를 배식하는 스타일이 기본이었으나, 야전에서는 통조림을 중심으로 한 전투식량을 지급하는 일이 잦았다. 영국군의 전투식량은 14인의 1일분 식사가 하나로 포장된 "콤포지트 레이션(Composite Ration)"과 장병 1인의 1일분 식사가 포장된 「24 Hour Ration(24시간용 레이션)」의 두 종류였다. 흔히 "14-in-1(Fourteen in One)"이라 불렸던 콤포지트 레이션은 집단 배식용 전투식량으로, 야채와 고기요리, 베이컨, 정어리(및 기타 생선), 농축 수프 등의 통조림이나 홍차, 과자류 등이 들어 있었는데, 그 맛은 영국인 입맛에 딱(?) 맞춰져 있었던 모양으로, 이것을 지급받았던 미군 장병들 사이에선 악평이 끊이지 않았다고 전해진다. 한편 24시간용 레이션은 개인 휴대용 전투식량으로 「상륙」, 또는 「돌격」 레이션이라 불리기도 했다.

비상용 전투식량

「이머전시 레이션」은 장병들 개인이 휴대하게 되는 비상식량으로, 비타민을 첨가한 초콜릿을 금속제 용기에 담은 것이다. 이것 외에도 홍차나 캔디 등을 같은 크기의 용기에 담은 베리에이션도 존재한다.

메스 틴(야전용 식기)에 수납된 영국군 전투식량. 오른쪽이 1일분에 해당하며, 콘비프, 스프레드 통조림, 통조림 치즈, 비스킷(사진에는 찍혀 있지 않음) 등으로 구성된다. 아래 사진은 1943년에 촬영된 공식 사진.

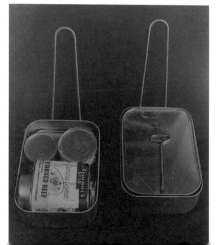

24 Hour Ration

24 Hour Ration은 1일분의 식료품을 하나의 상자에 포장한 것이다.

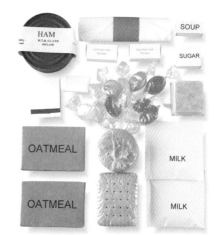

24 Hour Ration은 1944년부터 도입된 것으로, 내용물은 통조림으로 된 메인 요리와 비스킷, 오트밀, 캔디, 음료 등으로 구성되어 있다. 위 사진은 현대의 군장 수집가들을 위해 만들어진 레플리카이다.

24 Hour Ration의 내용물

비스킷	10장
포리지(오트밀)	2포
홍차, 설탕, 프림	2블록
건조육	1포
건포도 초콜릿	2개
비타민 첨가 초콜릿	1개
캔디	1봉지
츄잉껌	2개
고형 부용(건조 고기 수프)	2개
소금	1봉지
각설탕	4개
화장실 휴지	4장
설명서	

메인 요리 통조림은 햄 이외에도 고기 요리, 정어리 등이 있다.

야전용 식기

P1937 수통
P1937 Water Bottle

P1937(1937년형이란 의미) 수통은 철제로 뚜껑은 코르크로 제작됐다. 용량은 약 1ℓ.

메스 틴
Mess Tin

일명 "메스 틴"이라 불렸던 영국군 야전 식기는 크기가 다른 두 개의 용기로 하나의 세트가 구성된다. 휴대 시에는 사진과 같이 두 용기를 겹쳐 잡낭에 수납하며, 본체는 알루미늄 판을 프레스 가공하여 제작되었다.

P1937 수통에는 모직으로 만든 덮개가 씌어져 있는데, 이것은 수통이 다른 물체와 부딪쳤을 때 소리가 나는 사태를 방지하기 위한 것.

구 일본 육군

전쟁 말기의 모습 때문에 극히 빈약하고 형편없다는 인식이 일반적인 구 일본군의 급식.
하지만 일본군에서 지급했던 것은 의외로 당시 일본 민간인들의 것보다 훨씬 충실했다.

일반적으로 '빈약'이라는 이미지가 강한 구 일본군. 하지만, 실제 그 '빈약하다'는 인상은 현대와 비교했을 때의 이야기다. 당시의 일본군은 동시대의 민간인들보다 충실한 식사를 한 편으로, 특히 농촌 출신 장병의 경우에는 집에서 먹던 것보다 훨씬 '호사스러운' 것이었다고 하는데, 대개는 보리를 섞은 쌀밥(경우에 따라서는 흰 쌀밥)을 주식으로, 여기에 부식(반찬)이 곁들여지는 형태였다. 야전에서는 반합으로 취사를 했는데, 부식으로는 쇠고기 통조림과 건조야채를 사용했으며, 분말 간장과 된장으로 맛을 냈다고 한다. 또한 비상식으로는 흔히 "별사탕"이라 불리는 콘페이토(金平糖)가 동봉된 간멘포(乾麵麭)라 불리던 건빵을 사용했으며, 이 전통은 현 자위대의 전투양식 Ⅰ형에 이어졌다.

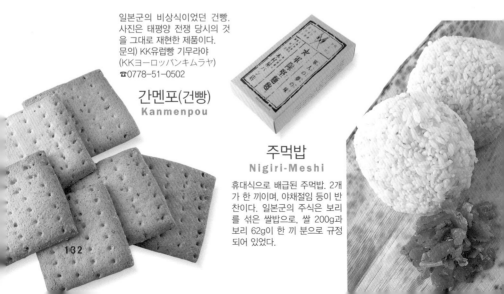

일본군의 비상식이었던 건빵. 사진은 태평양 전쟁 당시의 것을 그대로 재현한 제품이다. 문의) KK유럽빵 기무라야 (KKヨーロッパンキムラヤ) ☎0778-51-0502

간멘포(건빵)
Kanmenpou

주먹밥
Nigiri-Meshi

휴대식으로 배급된 주먹밥. 2개가 한 끼이며, 야채절임 등이 반찬이다. 일본군의 주식은 보리를 섞은 쌀밥으로, 쌀 200g과 보리 62g이 한 끼 분으로 규정되어 있었다.

쇠고기 통조림
Gyuniku Kanzume

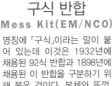

쇠고기 통조림은 청일전쟁 (1894년) 때 받은 호평을 계기로 널리 보급되었다. 야마토니* 방식으로 조리되었으며, 개인 휴대용 통조림은 150g 들이였다.

※역주: 大和煮, 쇠고기 등에 간장, 생강, 설탕 등을 넣고 삶은 요리.

니쿠메시
Niku-Meshi

휴대식인 쇠고기 통조림(흔히 "규캉(牛缶)"이라 불렸다)은 조리에도 활용되었다. 사진은 쇠고기 통조림과 우엉을 넣고 조린 것과 그 국물을 밥과 함께 섞은 고기밥.

야전용 취사도구(반합)

구식 반합
Mess Kit(EM/NCO)

명칭에 「구식」이라는 말이 붙어 있는데 이것은 1932년에 채용된 92식 반합과 1898년에 채용된 이 반합을 구분하기 위해 붙은 것이다. 본체와 뚜껑, 속뚜껑으로 구성되었으며, 속뚜껑은 계량컵(2홉 들이)으로도 사용이 가능했다.

장교용 반합
Mess Kit(Officer)

장교용 반합은 사병이나 하사관용 반합과 형태만 다를 뿐, 동일한 구성으로 되어 있다. 사진의 반합은 채용 시기가 좀 명확하지만, 이보다 이전 모델의 경우, 철사로 만든 손잡이가 없었다고 한다.

쇼와 5식 수통
Model 1931 Canteen

쇼와 5년에 채용된 하사관용 수통. 불 위에도 올려놓을 수 있도록 알루미늄으로 제작되었으며, 용량은 약 1ℓ. 장교들은 컵을 겸하는 뚜껑과 천으로 된 수통 커버가 달린 것을 사용했다.

야외 활동 중 반합을 사용하여 점심을 먹는 장교(중령)

식재료의 조달

물자의 보급이 원활하게 이루어지고, 장병들에게 충분한 양의 전투식량이 지급되더라도,
장병들은 항상 식사의 변화를 추구하며 여러 방법으로 신선한 재료를 조달했다.
때문에 군은 장병들의 이러한 욕구를 충족시키기 위해 다양한 노력을 기울여왔다.

어학 가이드와 군표

나폴레옹의 "군대는 잘 먹어야 잘 싸울 수 있다"는 명언은 보급이 군의 작전 행동에 있어 얼마나 중요한지를 말해준다. 원래 군의 보급은 현지 조달에 크게 의존해왔다. 하지만 여기에는 여러 가지 문제가 있었고, 경우에 따라선 파국을 초래하기도 했다. 현대에 와서는 병참 시스템의 발달로 현지 조달의 필요성이 크게 줄었으나, 완전히 사라진 것은 아니다. 장병 개개인의 입장에서, 현지 조달은 군의 단조로운 식생활에 가벼운 변화를 줄 수 있기 때문이다. 다만 이때 문제가 되는 것이 현지에서의 의사소통과 화폐인데, 이를 위해 군에서는 어학 가이드나 군표로 편의를 도모하고 있다.

이라크의 시장에서 과일을 음미하고 있는 미 육군 병사들. 전장의 장병들에게 전투식량 이외의 신선한 식품이 동경의 대상이 되는 것은 예나 지금이나 다를 것이 없다.

미군 어학 가이드북
Language Guide

제2차 세계대전 중, 미 육군에서는 장병들이 현지 주민들과 원활한 의사소통을 할 수 있도록 다수의 어학 가이드북과 단어·숙어집을 발행했다.

미군 군표
Military Currency

군표란 점령군 사령관이 해당 지역의 법적 통화로 지정한 대용화폐. 위 사진은 대전 당시 미군이 (왼쪽부터) 프랑스, 이탈리아, 독일에서 사용하려고 발행한 것. 일본에서 사용하기 위해 만든 군표도 존재하며, 전후 일부 유통된 바가 있다.

이라크에 파병된 미군 장병이 지급받은 어학 가이드.

군 직영 농장

미군 직영 양계장
Army Chicken Farm

2차 대전 당시, 미군은 뉴칼레도니아에 양계장을 설치했으나, 수요를 채우기엔 여전히 부족했다.

포로들을 동원한 야채의 재배
Quartermaster Farm

태평양 전쟁 당시, 미군의 농장에서는 일본군 포로들을 노동력으로 삼아 오이, 토마토 등의 야채를 재배했다.

1차 대전 당시, 미군은 프랑스에서 야채의 대규모 재배를 실시했는데, 2차 대전 때에도 일명 "Quartermaster farm(군수과 농장)"이라는 농장을 운영했다. 1943년 태평양 과달카날 섬에 처음 개설된 이 농장에서의 과일과 야채 재배는 상당한 성과를 거두었는데, 이후 미군에서는 전선의 이동에 맞춰 각지에 같은 형식의 농장을 개설했고, 다수의 일본군 포로들을 노동력으로 동원하기도 했다.

역사적으로 '현지조달'이 '약탈'의 동의어처럼 사용되던 시절도 있었으나, 현재는 약탈 행위가 군법으로 엄히 금지되어 있다. 때문에 식료품을 입수하기 위해서는 대가를 지불해야 했는데, 소유주가 불명확한 경우, 종종 이 과정이 무시되기도 했다. 또한 군에서는 식중독 등의 트러블을 항상 경계하기 때문에, 위생 관리 측면에서 현지조달을 금지하거나 제한하는 경우도 종종 있었다.

현지조달

계란은 늘 귀중품
Eggs for Soldiers

1944년 프랑스 북부에서 우유를 조달하고 있는 미군 병사들. 전장에서 희생되는 것은 가축이라고 예외는 아니었으며, 종종 장병들에게 신선한 고기를 제공했다.

전장에서 장병들이 원했던 대표적 식료 가운데 하나가 바로 계란이었다. 보통은 군표를 지불하거나 담배로 물물교환을 하여 입수했으나, 종종 몰래 '위치 이동을 시전'하는 경우도….

장병들과 알코올

담배만큼은 아니지만, 줄곧 그 폐해를 지적받아왔던 각종 알코올음료.
역사적으로 군에서는 장기간에 걸쳐 술을 전투식량으로 지급한 전적이 있다.
현재는 지급품 목록에서 제외되었지만, 장병들과 알코올의 관계는 여전히 유효할 지도?!

현재는 군의 급양 목록에서 제외된 지 오래되었지만, 군대와 술은 떼려야 뗄 수 없는 관계였으며, 술은 장병들에게 큰 즐거움을 선사했다. 그러나 과음 등으로 인한 폐해는 심각했으며, 때때로 사망자까지 발생했기에, 미 육군에서는 1832년부터 기존에 지급하던 럼주 대신 커피를 지급하기도 했다. 하지만 실제로는 대책이 있으나 마나 한 상태였기 때문에 육군의 금주 작전은 큰 성과를 거두지 못했다고 한다. 또한 전장에서는 여러 가지 경로를 통해 술을 접할 기회가 많았는데, 장병들은 민간인으로부터 구입하거나, 적군의 것을 노획하여 마셨으며, 지역에 따라서는 술을 입수하기 어려운 경우도 있었으나, 장병들은 과일 통조림 등을 발효, 밀주를 제작하는 창의적(!) 방법으로 이를 해결하기도 했다.

남북전쟁의 종군상인

남북전쟁 당시, 종군상인들은 부대와 동행하면서 장병들 상대로 장사를 했다. 취급 상품은 장병들이 필요로 하는 물품 전반이었지만, 최고 인기 상품은 음료였으며 여기에는 알코올도 포함되어 있었다. 원래 군에서는 술을 금하고 있었으나, 사실상 단속을 안 하는 상태였다. 술은 맥주가 대부분이었는데, 이는 위스키보다 상대적으로 저렴했기 때문이다.

휴대용 술병
(개인 물품)
Whiskey Flask
(Privately Purchased)

장교들 중에는 위스키를 담을 수 있는 회중 플라스크(휴대용 술병)을 구입하는 이도 존재했다. 병사들 중에는 그냥 수통에 술을 담아두는 사람도 있었으나 금속이 술에 부식되면서 건강에 악영향을 끼칠 위험이 있었다고 한다.

원래 미 육군 PX에서는 맥주의 판매가 금지되어 있었으나, 1941년부터 판매가 허가되었다. 왼쪽 일러스트는 당시 인기를 끌었던 벨런타인 에일이며, 군용 캔 맥주로도 채용되었던 바가 있다.

1945년, 일본에 진주한 뒤 처음으로 지급된 미국 본토의 맥주로 건배 중인 미군 장병들. 군용 캔 맥주는 340㎖였으며, 캔 표면은 올리브 드랍으로 도장되었다.

B E E R

캔 맥주
Bud for the U.S. Forces

미국에 납품된 350㎖ 들이 버드와이저 맥주 캔. "미합중국 군(U.S. Forces)"이라는 문자와 성조기 문양이 인상적이다. 해외에서 근무하고 있는 장병들을 대상으로 한 제품으로, 「본국(미국)의 맛을 즐길 수 있도록 특별히 양조된 것입니다」라는 문구가 붙어 있다.

술의 지급 자체는 중지되었으나, 주류 업체에 있어 군은 여전히 큰 거래처. 사진의 포스터도 미 육군을 대상으로 한 것이다.

미국 VS 호주 스프레드 대결

미국과 오스트레일리아를 상징하는 국민 식품.
그것이 땅콩버터와 베지마이트.
당연히 전투식량에도 널리 사용되고 있지만,
그 맛은 호불호가 좀 갈리는 편이다.

땅콩버터(미국)
PEANUT BUTTER U.S.A.

미국의 국민 식품인 땅콩버터. 식물성 유지를 첨가, 부드럽게 발라먹을 수 있는 땅콩버터는 1932년, 조셉 로젠필드(Joseph L. Rosenfield)가 발명했다. 현재 미국에서 생산되는 땅콩의 절반 가까이가 땅콩버터로 가공되고 있으며, 1인당 연간 소비량은 약 1.5kg. MRE에 든 팩(사진 왼쪽)을 기준으로 약 32개에 해당한다.

베지마이트(오스트레일리아)
VEGEMITE Australia

베지마이트는 효모(일설에는 야채 부스러기를 이용해 배양한 효모라고 함)를 이용해서 만든 스프레드의 일종으로, 각종 비타민이 풍부하며 불과 10g(!)만으로도 하루 권장량을 섭취할 수 있다고 한다. 외관은 초콜릿 스프레드와 흡사하나, 실제 맛은 첫인상과 전혀(…) 다르다고.

빵이나 크래커의 단짝이라 할 수 있는 스프레드. 그 종류는 무척 다양하며, 개중에는 특정 국가의 상징이라 할 수 있는 것도 존재한다. 이러한 스프레드의 대표격이 미국의 땅콩버터, 그리고 오스트레일리아의 베지마이트로, 타국의 전투식량에서는 절대 찾아볼 수 없는 유니크한 아이템들이다. 오늘날과 같은 형태의 땅콩버터는 1932년에 발명된 것으로, 미군이 제2차 세계대전 당시 대량으로 사용하면서 전국으로 보급되었다. 땅콩버터는 야전 전투식량에도 사용되었으나 목이 쉽게 메는 특성으로 인해 싫어하는 장병들도 있었고 베트남 전쟁 중에는 아예 고체연료 대용으로 쓰이는 경우도 있었다고 한다. 이에 대응하는 오스트레일리아의 국민 식품 베지마이트는 1923년에 발명되었는데, 효모 추출물과 소금, 맥아 추출물을 사용했다. 맛은 오스트레일리아인 전용이란 느낌으로, 베지마이트를 처음 접한 사람들은 모두 크게 감탄(…)한다고 한다. 기회가 된다면 한번 도전해보시길.

야전식 재현 레시피

Make yourself a sodier's diet

「세월을 거슬러 올라가, 그 맛을 다시 재현하다」

일반인이 전투식량을 섭할 기회는 무척 드물 것이다. 특히 과거의 전투식량이라며, 서적이나 문헌의 기록이나 사진을 통해 그 실태를 추측해보는 것 외엔 달리 방법이 없을 것이다. 하지만 과거의 전쟁에서 장병들이 먹었던 야전식 중에는 오늘날까지도 레시피가 전해지는 메뉴도 존재하기 때문에 맘만 먹는다면 당시의 모습을 재현할 수 있다. 본 챕터에서는 수많은 과거의 레시피 가운데, 미국 독립전쟁과 남북전쟁, 그리고 구 일본 육군의 예를 들어 그 레시피를 소개하고자 한다.

물론 '재현'이라고 해도 입수할 수 있는 재료 등의 차이로 인해 완전히 「동일」하다고는 할 수 없다. 그래도 당시 장병들의 생활을 간접적으로나마 체험하는 데는 도움이 될 것이다. 다만, 재현한 야전식이 입에 맞을지 어떨지는 별개의 문제라는 것을 미리 일러두고 싶다.

미군 급양의 원년이라 할 수 있는 독립전쟁. 적어도 그 규정만 본다면 당시의 기준으로 수준이 높은 것이었으나, 실제 장병들에게 지급된 식사는 병참 지원의 부족으로 극히 빈약하기 짝이 없었다.

대륙군의 장병들이 먹었던 주요 메뉴로는 베이크드 빈즈와 파이어케이크가 있었는데, 베이크드 빈즈는 포크 빈즈라고 불리기도 하며, 시대에 따라 그 조리법 등이 변해왔다. 현재는 토마토를 사용하는 것이 일반적이지만, 독립전쟁 당시에는 그저 콩과 염장 고기만으로 심플하게 조리한 것을 먹었다.

당시의 기록을 보면, 모닥불에 구운 파이어케이크의 겉은 검게 그을렸고, 속은 설익은 상태였다고 한다. 밀가루를 그냥 물로 반죽해서 구운 것이기에 밍밍한 맛이었는데, 독자여러분들은 당시의 대표적 조미료였던 당밀에 찍어 드시길 권하고 싶다.

The American Revolution
미국 독립전쟁

Menu
Baked Beans
베이크드 빈즈

《재료》

❶ 까치콩	1리터
❷ 염장 돼지고기	250g
❸ 당밀	반 컵

《만드는 법》

❶ 건조시킨 콩을 냄비에 넣고, 하룻밤 정도 물에 불려준다.

❷ 당밀을 넣는다

❸ 염장 고기를 넣고 뭉근하게 끓인다.

현재 시중에서는 염장 돼지고기를 판매하지 않으므로 직접 만들어야 하겠지만, 보통의 돼지고기로도 가능하다. 다만 이 경우에는 상당량의 소금이 필요하다. 염장 고기의 제작 방법은 여러 가지가 있지만, 가장 간단한 것은 고기에 대량의 소금을 문질러 비빈 다음, 냉장고에 하루 정도 재워두고 배어나온 수분을 버리는 방법이다. 더 이상 수분이 빠져나오지 않을 때까지 수차례 반복하면 완성인데, 지나치게 염분이 많아, 요리 전에 소금기를 미리 제거해주는 것이 좋다. 만드는 법은 간단한 반면, 제대로 맛을 내기는 좀 어렵다.

Menu
Fire Cake
파이어케이크

《재료》

❶ 밀가루

❷ 물

《만드는 법》

❶ 밀가루에 물을 넣고 반죽한다.

❷ 반죽을 적당하게 떼어 펼친다.

❸ 돌 위에 반죽을 올리고 모닥불로 굽는다.

만드는 법은 지극히 간단하지만, 실제로 만들어보면 끝부분이 불에 타버리는 등, 제대로 굽기는 무척 어렵다. 제대로 맛을 내고 싶은 분들은 프라이팬을 사용하시길.

The American Civil War

미국 남북전쟁

2

재현 레시피

Menu
Hardtack
하드택

《재료》

❶ 밀가루 　　　　　　　　　　2컵
❷ 물 　　　　　　　　　　3/4~1컵
❸ 소금 　　　손가락으로 6번 집은 정도

《만드는 법》

❶ 재료를 섞은 뒤, 반죽을 약 13mm 정도로도 편다.

❷ 180~200도 정도의 오븐에서 1시간 정도 굽는다.

❸ 오븐에서 꺼낸 뒤, 반죽을 가로 세로 76mm 정도 크기로 자르고, 1줄에 4개 짜리 구멍을 4줄 찍어준다.

❹ 반죽을 다시 오븐에 넣은 다음 1시간 정도 굽고 그대로 안에서 식힌다.

레시피는 간단하지만, 실제로는 온도와 시간 설정에 경험이 필요하다. 하드택의 겉모양이나 색깔은 크래커와 유사하지만, 만든 뒤 며칠 방치해두면 당시의 증언이나 기록을 납득할 수 있을 만큼 단단하게 변한다. 취식은 여러분의 치아 건강에 좋지 않으므로, 어디까지나 '경도'를 체험해보는 선'에서 그칠 것을 권한다.

Menu
Slamgllion
슬럼걸리언

《재료》

❶ 생고기 　　　　　　　　　225g
❷ 밀가루 　　　　　　　　　　7g
❸ 소금 　　　　　　　　　　　2g
❹ 후추 　　　　　　　　　　약간
❺ 지방 　　　　　　　　　　약간
❻ 물 또는 쇠고기 국물 　　　150cc
❼ 양파 　　　　　　　　　　36g
❽ 당근(얇게 썰거나 깍둑썰기 한 것) 36g
❾ 순무(얇게 썰거나 깍둑썰기 한 것) 36g
❿ 셀러리(깍둑썰기) 　　　　　23g
⓫ 콩 　　　　　　　　　　　23g

《만드는 법》

❶ 고기를 0.5~1인치(13~25mm) 정도 크기로 썬다.

❷ 밀가루, 소금, 후추를 같이 섞는다.

❸ 고기에 ②를 묻혀준 뒤, 기름으로 갈색이 될 때까지 볶아준다.

❹ 고기와 물 또는 쇠고기 국물을 같이 냄비에 넣고 뚜껑을 닫은 뒤 끓인다.

❺ 약한 불로, 국물 찌꺼기를 제거하며 고기가 무너뜨릴 떼끼지 조린다.

❻ 미리 썰어둔 야채를 넣는다. 각각의 야채를 익히는 시간은 아래와 같다.

양파	45분~1시간
당근	30분
콩	30분
순무 및 셀러리	15~20분

❼ 잘 휘저어주면서 소금과 후추로 간을 맞춘다.

미국이 둘로 갈라져 싸웠던 남북전쟁은 동원된 병력의 수도 많았지만, 동시에 소비되었던 야전 식량의 양도 엄청났다. 당시의 대표적 야전식은 하드택과 커피, 그리고 슬럼걸리언이었는데, 이 가운데 특히 하드택은 19세기를 통틀어 육군의 주요 전투식량이기도 했다. 하지만 장기보존을 위해 대단히

단단하게 만들어졌기에 취식을 위해서 여러모로 머리를 굴려야만 했다. 이러한 이유 때문에 "Hardtack"에는 '거칠고 조잡한 음식'이란 의미가 포함되어 있기도 하다.

여기서 재현한 슬럼걸리언은 1944년의 미 육군 레시피를 응용한 것으로, 남북전쟁 당시엔 손에 잡히는 재료를 대충 던져 넣고 푹 끓인 단순한 요리였다. 참고로 "Slumgullion"은 '싸구려 스튜'라는 의미로 당시에는 식료품 전반을 가리키는 경우도 많았다고 한다.

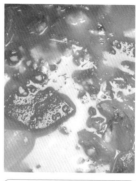

Inperial Japanese Army
구 일본 육군

영 좋지 않아 보이는 인상의 구 일본 육군. 하지만 이들도 나름대로 급양 개선을 위해 노력했다. 원래 일본군의 조리법은 부대마다 제각기 달랐는데, 1931년, 이를 통일한 『군대조리법(軍隊調理法)』이라는 서적이 발행되었다. 내용은 재료와 조리법을 간결하게 기술한 것으로, 상당히 다양한 식단표를 통

해 당시의 일본군이 그렇게까지 빈약한 식사를 했던 것은 아니었음을 보여주고 있다. 여기 재현한 메뉴들은 1937년판에 기재되어 있던 것인데, 해당 서적의 기술에 따르면 놀랄 만큼 간단히 조리가 가능하다고 한다.

Menu
Kenchinn-Jiru
겐친지루

《재료》

❶ 두부		100g
❷ 당근(불규칙하게 썰기)		20g
❸ 무(은행잎썰기)		80g
❹ 토란(통째썰기, 팔모썰기)		70g
❺ 우엉(깎아썰기)		50g
❻ 참기름		4g
❼ 게즈리부시		4g
❽ 간장		30g

《만드는 법》

❶ 두부를 으깬 뒤 물기를 제거한다.

❷ 냄비에 참기름을 넣고 끓이다가 달아오르면 우엉, 무, 당근, 토란을 넣어 잘 섞어준다.

❸ 약간의 뜨거운 물을 붓고 게즈리부시를 같이 넣어, 야채가 부드러워질 때까지 끓인다.

❹ 야채가 익으면 두부를 넣고 간장으로 간을 맞춘다.

Menu
Niku-Meshi
고기밥

《재료》

❶ 쌀밥		262g
❷ 쇠고기	75g(또는 쇠고기 통조림 50g)	
❸ 파		50g
❹ 우엉		50g
❺ 간장		30g
❻ 설탕		8g

《만드는 법》

❶ 평소보다 약간 된밥을 짓는다.

❷ 냄비에 물을 붓고 끓어오르면, 잘게 찢은 쇠고기(쇠고기 통조림일 경우엔 국물만), 우엉을 넣고 끓인다.

❸ 재료가 부드럽게 익으면 파를 넣고(통조림을 사용한 경우엔 이때 쇠고기를 투입), 설탕과 간장으로 간을 맞춘다.

❹ 밥에 쇠고기와 나머지 건더기, 국물을 넣고 잘 섞어준다.

유부밥과 마찬가지로 간단하게 만들수 있는 메뉴. 쇠고기 통조림을 사용했을 경우엔 따로 간을 맞출 필요가 없다. 물은 조금 적게 맞춘 편이 좋으며, 그냥 쇠고기 통조림의 내용물을 밥과 비벼먹기도 했다고 한다.

만드는 법이 무척 간단하므로, 자취생 요리로도 추천할 만하다. 『군대조리법』에는 따로 물의 양이 지정되어 있지 않은데, 조금 모자란 듯 넣는 것이 요령. 이 메뉴는 조리법이 간단하기 때문에 「야외조리 겸용」으로 기재되어 있다. 보리밥에 관해서는 P132를 참조하시길.

Menu
Aburaage-Meshi
유부밥

《재료》

❶ 쌀밥(또는 보리밥)	262g
❷ 유부	40g
❸ 게즈리부시(얇게 깎은 가츠오부시)	4g
❹ 간장	35g

《만드는 법》

❶ 유부를 직사각형으로 썰어준다.

❷ 냄비에 물을 붓고 끓으면 게즈리부시와 유부를 넣고 간장으로 간을 맞춘다.

❸ 건더기와 국물을 갓 지은 밥 위에 붓고 잘 섞어준다.

SEKAI NO MILIMESHI WO
JISSYOKU SURU
HEISHI NO KYUSHOKU RATION

©TOSHIYUKI KIKUZUKI 2006
Originally published in Japan in 2006 by
World Photo Press Co., Ltd., TOKYO.
Korean translation rights arranged with
World Photo Press Co., Ltd., TOKYO,
through TOHAN CORPORATION, TOKYO.

저자 : 키쿠즈키 토시유키
번역 : 오광웅

ISBN 979-11-274-0009-5 03590

이 도서의 국립중앙도서관
출판예정도서목록(CIP)은
서지정보유통지원시스템 홈페이지
(http://seoji.nl.go.kr)와
국가자료공동목록시스템
(http://www.nl.go.kr/kolisnet)에서
이용하실 수 있습니다.
(CIP제어번호 : CIP2016014994)

*잘못된 책은 구입한 곳에서 무료로
바꿔드립니다.

컴플리트 밀 키트(미군)
COMPLETE MEAL KIT (U.S. Armed Forces)

키쿠즈키 토시유키(菊月俊之)

1958년 이와테 현 출생. 1980년부터 잡지 『컴뱃매거진(コンバット・マガジン)』(월드포토프레스 刊) 등에
밀리터리 관련 기사를 기고. 주요 저서로는 『세계의 군용총(世界の軍用銃)』(코분샤 刊) 외 다수.

Photo
Naganori Tsutsumi (WPP), Yasuji Yushina (WPP), Rick Steel, Mi Seitelman,
Gary R Coppage, U.S.Army, U.S.NAVY, U.S.M.C., National Archive, Imperial
War Museum, Bundesarchiv

Illustration
Eiji Isayama (BASE)

Special Thanks
일본 육상자위대, 다나카쇼텐(田中商店), PK밀리터리아, 오타키 소우(大瀧總)

㈜에이케이커뮤니케이션즈
등록 1996년 7월 9일(제302-1996-00026호)
주소 : 04002 서울 마포구 동교로 17안길 28, 2층
TEL : 02-702-7963~5 FAX : 02-702-7988
http://www.amusementkorea.co.kr

초판 1쇄 인쇄 2016년 7월 20일
초판 1쇄 발행 2016년 7월 25일

펴낸이 : 이동섭
편집 : 이민규, 김진영
디자인 : 이은영, 이경진, 백승주
영업 · 마케팅 : 송정환, 안진우
e-BOOK : 홍인표, 이문영, 김효연
관리 : 이윤미

병사의 급식 · 레이션
세계의 전투식량을 먹어보다